JN208516

LTE CAT-M1

青木　稔 著
Aoki Minoru

ブックウェイ

はじめに

2017 年現在、4G/3G 通信の LTE/WCDMA の組み込みデバイスなどで M2M/IoT 通信が既に普及していますが、まだすべての機器に対して一つの通信デバイスが組み込まれるといったような状況にはなっていません。これは固定費として通信カードなどのデバイスの価格、変動費として携帯電話 NW オペレーターに支払われる通信費用といった部分で費用対効果が悪かったということと、機器の設置場所はその機器の性質に依存するため、機器の設置場所と通信可能範囲が必ずしも一致しないということにあります。

これはつまり日本のオペレーターは人が持つ携帯端末をターゲットにエリアとプランを設計しており、組み込みデバイスをターゲットにしたエリアとプランを設計しようとしても市場・技術的背景から割に合わなかったという経緯があります。しかし、昨今 LTE/WCDMA の規格の一部として M2M/IoT 通信向けの規格が策定され、既存のネットワークインフラに対して追加のソフトウェアを入れることによって M2M/IoT 通信に対応させることができ、かつ M2M/IoT 通信を使ったデータの収集・分析といったデータの利用サイドでの状況も整いつつあります。

結果として今までは M2M/IoT 通信の敷居が高く、大きなメリットがなければ M2M/IoT 通信を導入できなかったものが、小さなメリットでも M2M/IoT 通信を導入しやすくなったといえます。しかし、現状は M2M/IoT 通信が完全な普及期にあるといった状況ではないため、ネットワーク事業者はどういったサービスによってどの程度のトラフィックが発生して、どのような料金体系が妥当であるかについては手探りな状態にあります。それらを踏まえて LTE CAT-M はカバーエリアの調整、キャパシティの調整、高付加時の規制動作、機器のバッテリーを持たせるための新しい間欠通信方式などを柔軟に組み合わせられるように設計されています。本書ではこれらの LTE CAT-M について標準化で規定されている内容を詳細に説明します。

ただし、LTE CAT-M 対応機器を販売しているベンダーは独自の合理性で対応が必須でない機能を削減し、納期・価格の最適化を図っているため、標準化で規定されている内容は現時点での LTE CAT-M に対する最大の仕様と理解していただけると良いと思います。また、**ここで CAT-M と呼んでいるのは 3GPP Release 13 で導入された Category M1 に対するものであり、後続の仕様ではないことと、本書ではわかりやすさを優先させるため、あまり使われていない MBMS 等の機能の説明は割愛しています。そして周波数特性上でカバレッジの観点で不利になる TDD については CAT-M を適用するメリットが薄いため説明に含めていません。**また、CAT-M も LTE の仕様の一部ですが Category M1 に対しての説明については CAT-M、そうでない仕様の説明については LTE または明確に切り分けをしたい場合は Legacy LTE と表記しています。

本書の構成は次の通りです。予め断っておきますが、教育向けの本としてなるべく同じトピックが複数回説明される様に構成してあり、リファレンスとしては不向きです。既に LTE に関してある程度の知識がある方はは最初の方の章は不要でしょう。また、CAT-M は既存の LTE をベースにした仕様となっているため、既存の LTE の仕様についてもかなりのページ数を取って説明していますが、CA など CAT-M に関連しないトピックは説明していませんので、基本の LTE について知りたいのであれば別の書籍をおすすめします。

- 1.*携帯電話のシステムにおける要求事項とそれを実現させるための仕組み*では通常の携帯電話のシステムに何が要求されるかを整理し、それに対して 4G 通信である LTE のシステムではどういった方法で実現しているかを説明します。
- 2.*CAT-M の目的*では CAT-M が導入された目的とその用途について簡単に説明します。
- 3.*LTE の各種プロトコルの概要*では LTE の各種プロトコルの概要を説明し、どのような役割分担がなされているかを整理します。
- 4.*無線通信の基本*では無線通信の基本的な概念を説明し、その概念がどのように適用されているかを説明します。
- 5.*LTE の代表的な手順*では LTE の基本的なシーケンス(サービス状態や使用するセル変更などの状態変更手順)を説明します。
- 6.*CAT-M の基本的な設計論理*では LTE のシステムに対して何が CAT-M として追加され、削除されたのかを簡単に整理します。
- 7.*各手順の Coverage Enhancement と NB 選択*では CAT-M 通信の特徴的な部分について具体的な手順を交えて説明します。

- 8.カバレッジに影響するその他の事項では Legacy LTE と CAT-M の間でカバレッジ範囲に影響を与えるその他の考慮事項を説明します。
- 9.その他の *CAT-M* 通信では CAT-M 通信の詳細部分を説明します。
- 10.その他の *CAT-M* 関連トピックでは一部 CAT-M には直接関連しないが IoT 通信向けに導入された機能について説明します。
- 11.*LTE* の標準化仕様についてでは 3GPP で規定されている CAT-M を含む LTE の仕様書の構成、記載方式、読み方など厳密な仕様の定義を確認するための方法を説明します。

目次

図表一覧

1 携帯電話のシステムにおける要求事項とそれを実現させるための仕組み

皆さんは普段から何気なく携帯電話を使用し、何が携帯電話の特徴であるのかということはあまり意識することはないかと思います。しかし、携帯電話のシステムを理解する上で何が要求されているのかを把握することは大事なことになります。要求事項を把握していないと、携帯電話のシステムはこの暗黙の要求に対する実現策として機能を提供しているケースがほとんどのため、なんのために機能が提供されているのかわからなくなってしまいます。

そこで、おおまかに携帯電話のシステムとしての要求事項(エンドユーザーにサービスを提供するための要求のため、ほとんど携帯電話に対する要求事項と変わりません)、携帯電話ネットワークとしての要求事項を整理していきます。詳細な要求項目は携帯電話システムの標準化資料に記載がありますが、あまりに多岐にわたるためここでは基本的な要求だけを取り上げます。

携帯電話のシステムとしての要求は次のとおりになります。

1. 携帯電話は携帯ネットワーク圏内であれば、他ネットワーク、または他携帯電話との通信を開始することができる。
2. 携帯電話は携帯ネットワーク圏内であれば移動しても通信を継続することができる。
3. 携帯電話は携帯ネットワーク圏内であれば、他ネットワーク、または他携帯電話からの通信要求を受けて通信を開始することができる。(着信できる)
4. 携帯電話は携帯ネットワーク圏内・圏外であることを検知し、圏内である場合はネットワークの無線品質(例えばアンテナピクト表示)ができる。
5. 携帯電話は音声通信・データ通信ができる。(データカードのような携帯端末はデータ通信のみ)
6. 携帯電話はその能力に応じてなるべく高品質の音声通信、高速なデータ通信ができる。

携帯電話ネットワークとしての要求は次のとおりになります。

1. 契約したユーザーだけ通信を許可する。
2. 同じ設備でできるだけ多くのユーザーを収容する。
3. 極端な混雑時もユーザーを制限するなどの手段でサービスが継続できる。

それぞれの要求に対して携帯電話のシステムはどのようにして実現をしているのかを見ていきたいところですが、本書の対象はLTE CAT-M のため、LTE のシステムを前提として説明をします。

1.1 携帯電話のシステムの構成ノード

前の章で"携帯電話は携帯ネットワーク圏内であれば、他ネットワーク、または他携帯電話との通信を開始することができる。"という要求事項があることを提示しました。現在は TCP/IP がデファクトスタンダードの通信方式になっているため、具体的に携帯電話が他ネットワークと通信するためには UE に対して IP アドレスが割り当てられ、UE と他ネットワーク、または他携帯電話との間に IP パケットの疎通を可能にするルーティング設定がなされた経路が必要となります。簡単なイメージにすると次のようになります。

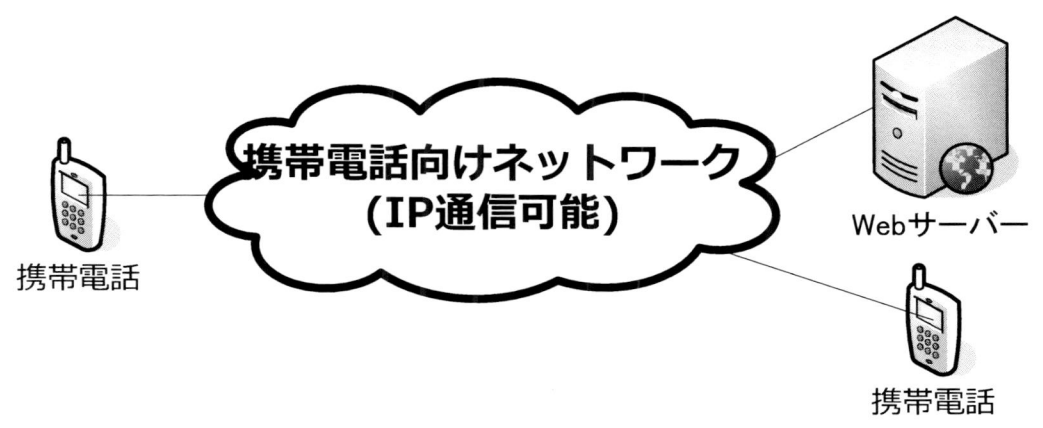

図 1 携帯電話ネットワークの模式図

実際には携帯電話向けネットワーク特有の事情がたくさんあり、上記のようなシンプルなネットワーク構成は取れません。そのため、携帯電話のシステムの構成ノードは次のようになっています。※単純化のためにかなりのノードを省略しています。実際にはもっとノードがあります。また、以下のノードは論理ノードのため、実際の HW は複数ノードを兼ねたものになっている場合もあります。

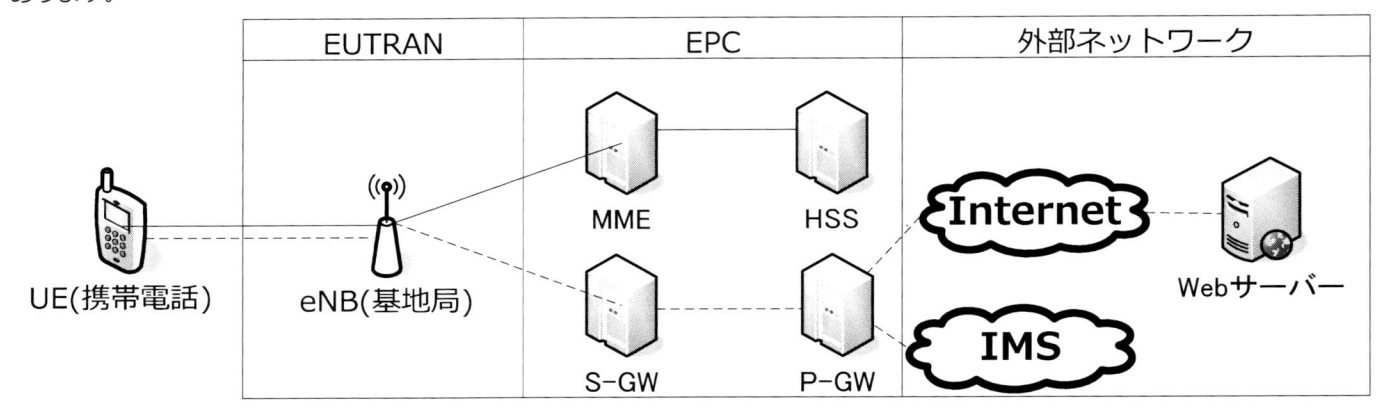

図 2 携帯電話ネットワーク

LTE のシステムでは携帯電話(またはデータ通信カード)のことを UE(User Equipment)と呼び、基地局のことを eNB(evolved NodeB)と呼んでいます。また、LTE のネットワークを大別して無線通信の機能を提供する Radio Access Network とそれ以外の Core Network の 2 つにわけられていて、歴史的経緯からそれぞれ EUTRAN、EPC と名付けられています。また、Radio Access Network と Core Network を合わせて Mobile Network と呼ぶこともあります。それぞれの機能を簡単に説明すると、

- EUTRAN:UE と無線で直接通信するネットワーク
  - eNB:EUTRAN を構成するノード。UE と無線で通信をし、UE の通信データ・コントロールデータを中継する。
- EPC:UE を管理したり、外部ネットワークと UE 間の通信データを中継する。
  - MME:UE と LTE のネットワークのコントロールを実施するノード。UE とは NAS メッセージをやり取りして、UE の要求する通信に必要なコントロールを実施する。
  - HSS:加入者情報を管理するノード。携帯電話に加入しているユーザーかどうかの認証処理や、UE がどこのエリアにいるかなどの情報を管理するノード。
  - S-GW:UE への通信データをどの eNB へ送るかの起点となるデータをルーティングするためのアンカリングノード。
  - P-GW:UE へ Mobile Network 内で使用可能な IP アドレス(グローバール IP アドレスでも良い)を割り当て、その IP アドレスで外部ネットワークとの通信を可能とする Gateway ノード。
- 外部ネットワーク
  - Internet:一般的な Internet を指す
  - Web サーバー:一般的なサービス例として記載。UE は Internet を経由して、こうしたサービスにアクセスする。
  - IMS:IP Multimedia Subsystem。Mobile Network に含めることもあるが、本書では含めない。主に IP パケット交換方式を用いた音声通話(VoIP)で用いられるノード群で LTE では LTE 版の VoIP である VoLTE(Voice over LTE)を実現するために用いられる。

上記の通り UE は Mobile Network を経由することによって、圏内であれば図の点線の UE⇔eNB⇔S-GW⇔P-GW⇔外部ネットワークといった流れで通信を実施することができます。また、図の実線はコントロールデータの流れを示していて、LTE のシステムとしてのコントロールデータは UE⇔eNB⇔MME⇔HSS となっています。このユーザーの通信データの流れを U-Plane(User-Plane)、コントロールデータの流れを C-Plane(Control-Plane)と呼びます。

1.2 携帯電話で移動通信を可能にする仕組み

では次に"携帯電話は携帯ネットワーク圏内であれば移動しても通信を継続することができる。"この要求について見ていきましょう。EUTRAN は大量の eNB から構成されていることが通常のケースであり、1 つの eNB がカバーできる無線通信可能なエリアは制限されています。何故かと言うと、単純に一つのアンテナから電波を送信して、それが届く範囲に限界があるからです。そのため、通常の携帯電話ネットワークでは Handover という 1 つのカバーエリアから別のカバーエリアへ移動する動作が規定されています。また、このカバーエリアのことをセルと呼び、収容能力を高めるため 1 つの eNB に複数のセルを持たせる構成が一般的です。

次の図を見て下さい。移動を考慮しなければ単純に UE と外部ネットワーク(この例では Web サーバー)と通信することは容易です。

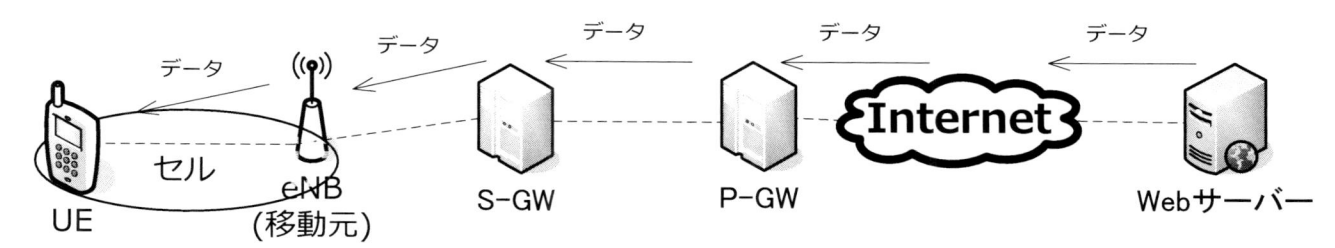

図 3 携帯電話ネットワークの移動を考慮した DL データ送信

しかし、携帯電話ネットワークのため、UE は別 eNB に移動してしまう場合があります。その場合は S-GW を起点にしてデータの流れを切り替えます。こうすることによって、移動しても通信を継続することができます。

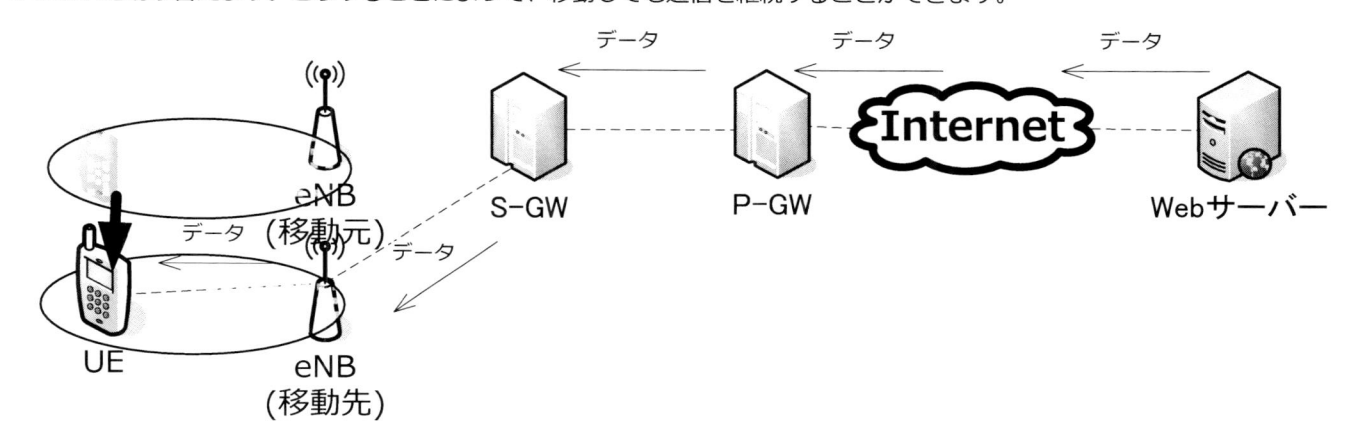

図 4 携帯電話ネットワークの移動を考慮した DL データ送信

今度はこの"携帯電話は携帯ネットワーク圏内であれば、他ネットワーク、または他携帯電話からの通信要求を受けて通信を開始することができる。(着信できる)"を見てみましょう。

実はこれには 2 つのことが要求されます。

- UE に対して外部ネットワークから識別できる IP アドレス、または電話番号などのそれに類するものが割り当てられている。

  当然ながら、携帯電話では相手の電話番号を指定すると、相手側が呼び出されて着信することができます。また、IP アドレスについてはグローバル IP アドレスが割り当てられているか、Mobile 向けの IP アドレスの規格に沿った割当がなされている場合には IP アドレスを用いて携帯電話との通信が可能となります。実際は携帯電話をサーバーの様に使用する用途でなければ、外部ネットワークから識別できる IP アドレスを割り振る必要性はないため、必ずしも外部ネットワークからアクセスできる IP アドレスが割り振られるわけではありません。

- Mobile Network から UE に対して通信を開始するメカニズムがある。

  Mobile Network は特定の UE が何処にいるかの大まかな情報を常に把握しています。具体的には EPC は複数のセルとまとめた Tracking Area という単位で UE が何処にいるかを把握しているため、着信があった場合は対象となる Tracking Area に所属するセルすべてに対して Paging という UE の呼び出し処理を実施して、UE の応答を待ちます。Paging を受

けた UE は Paging に対して応答をして、着信処理が完了します。具体的な位置通知のメカニズムは Attach 手順及び Tracking Area Update 手順で実施しており、詳細は 5.*LTE の代表的な手順*で説明します。

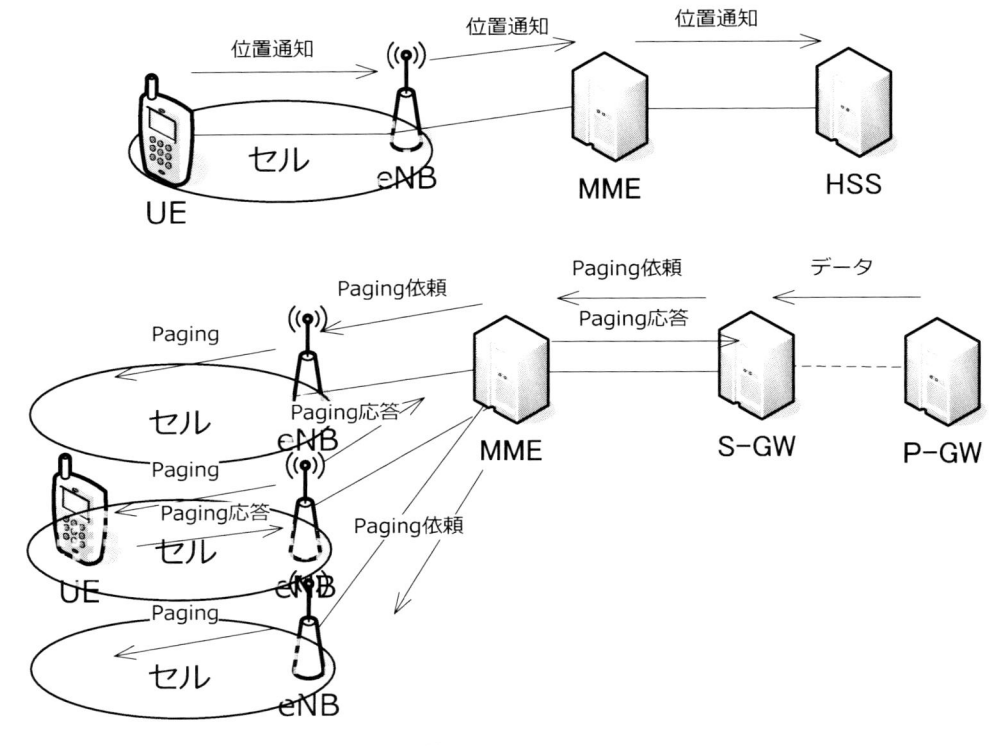

図 5 着信処理

1.3 携帯電話システムの報知情報(ブロードキャスト)

前の章では携帯電話システムがどうやって移動通信をサポートしているかの概要を説明しました。ここでは" 携帯電話は携帯ネットワーク圏内・圏外であることを検知し、圏内である場合はネットワークの無線品質(例えばアンテナピクト表示)ができる。"の要求事項を説明します。

通常の携帯電話ネットワークでは何も通信がない場合も常に基地局から一定の情報を送信し続けています。この通信内容のことを報知情報またはセルブロードキャストと呼びます。また、基地局から送信された電波がどれくらいの強さで届いたかを携帯電話で検知できるようにしたり、セルとのタイミング同期をするため、UE の存在にかかわらず一定の決まった信号を定期的に送信しています。こうした信号は UE 側で受動的に受信することが可能で、一つの送信で複数の UE が受信することができます。LTE ではこの報知情報のことを SI(System Information)と呼び、一定の決まった信号のことを RS(Reference Signal)と呼びます。System Information では様々な情報を送信することが可能となっていますが、ここではネットワーク圏内・圏外に関連する事項に限って説明します。

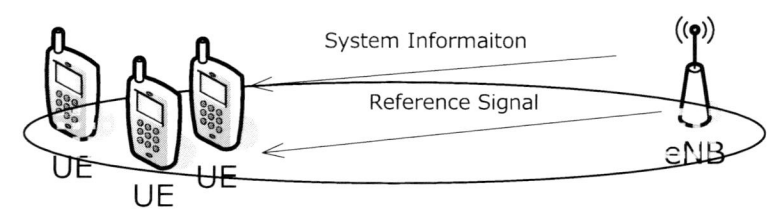

図 6 セルブロードキャスト

LTE では UE はセルを検知するために送信されている Reference Signal を受信し、セルを検知します。次にオペレーターの番号 (MCC,MNC というオペレーターごとの番号)が送信されている System Information を確認して、自分が加入しているネットワークであるかを確認します。(加入していないネットワークにローミングという方式でアクセスする仕方もありますが、ここでは議論しません)次に受信レベルや詳細タイミング同期をするために送信されている Reference Signal を受信して、受信レベルを確認します。こうした仕組みによって、UE 側ではアンテナピクト(Reference Signal の受信レベルによって本数表示を変更)や、LTE マークを表示することが可能になっています。

1.4 携帯電話システムの QoS(Quality of Service)制御

次に"携帯電話は音声通信・データ通信ができる。(データカードのような携帯端末はデータ通信のみ)"の要求を見てみましょう。

LTE はパケット交換のみをサポートしたシステムであり、当初は音声通信をサポートしていませんでした。3G の時代には特定のリソースを時間的に専有させる回線交換(Circuit Switch)方式の通信もサポートされており、回線交換方式で音声をサポートしていました。どうしてそうしていたかというと、音声通信に求められる品質とデータ通信に求められる品質が極端に違うため、単純に同居させてしまった場合はそれぞれの品質に対応できなかったためです。(かつてはそうでしたが、正確に言えば現在は LTE と同じメカニズムでそれぞれの品質に対応させることが可能です)

しかし、LTE はパケット交換のみしか使えないため、パケット交換方式の中で品質を保つためのメカニズムが提供されています。それが QoS(Quality of Service)制御でそれぞれの通信特性に応じて Mobile Network 内のパケット転送の設定(再送回数や優先度等)を切り替えることが可能となっています。実際には品質特性ごとに EPS Bearer という仮想的な通信経路設定をすることによってサポートしています。詳細は *3.1.2.PDN CONNECITON・EPS BEARER* 管理で説明します。

以下の図が LTE で使われている代表的な QCI(QoS 要求の典型例をまとめたセットの ID)ごとの要求特性です。遅延も少なく、パケットロスも少ないベストな性能を持つものを 1 つだけ要求すれば良いじゃないか？と思う人もいるかもしれませんが、単純なスループットと許容遅延、パケットロスはそれぞれトレードオフになっており、すべての良いとこ取りはできません。例えば、許容遅延時間を短くするのであれば、小さなパケットを頻繁に送る必要がありますが、そうすると通信効率は落ちやすいためスループットは出なくなります。また、許容パケットロスを小さくするためには再送回数を増やす必要があり、再送回数を増やすと平均的な遅延時間は長くなります。そのため、サービスごとに QCI を使い分けることになります。

表 1 QCI ごとの要求特性

	許容遅延ターゲット	許容パケットロス
QCI1(音声データ向け)	100msec	1%
QCI5(SIP メッセージ向け)	100msec	0.0001%(1PPM)
QCI9(一般通信、主に TCP/IP 向け)	300msec	0.0001%(1PPM)

1.5 携帯電話システムの UE Capability と後方互換性

携帯電話のシステムの寿命は比較的長く、すぐに取り替えは効きません。また一般ユーザーの利便性を鑑みて総務省のような監督官庁が旧製品のサポート停止を許可しません(あるいは、無料・安価で代替の新製品との交換を要求します)。そのため、後方互換性が重要しされており、LTE で言えば LTE 初期リリース(Rel-8)の仕様に基づいて設計された UE も今の LTE ネットワークで使用することが可能になっています。これは標準化仕様の規定で各プロトコルは新しいバージョンの仕様では旧バージョンのオプション扱いである拡張領域を用いて仕様の拡張が行われており、旧バージョンで新バージョンのデータを受信した場合は拡張部分が無視されるという仕組みが働いているためです。この標準化仕様というのは世界各国で独自仕様の携帯電話を作ってしまうと、国同士をまたがるだけで使えなくなってしまうため、共通的に使える様にするための仕様で 3GPP という規格化団体が決めています。逆に、インターフェース互換性を保ちながら性能を高めるような仕様についてはベンダーの独自裁量に任されています。

また、同じリリースでもオプションとなっている機能があり、それについては UE と Mobile Network 間で情報をやり取りすることによって、オプションを使用するかの判断がなされます。また、そうしたオプションについては UE/Mobile Network どちらかに閉じた形でない限り、Mobile Network 側が有効化の指示をします。(UE 側からリクエストがあった場合も、許可するのは NW側)以下は Carrier Aggregation(複数の周波数をまとめて通信することによって、スループットを高める技術)の例です。

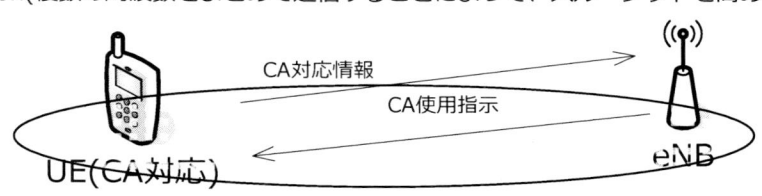

CA対応情報

CA使用指示

UE(CA対応)　　　　　　　　　　　　　eNB

図 7 UE Capability 通知

この様にオプション機能は明示的にサポートを通知して、使用・非使用を切り替えることで"携帯電話はその能力に応じてなるべく高品質の音声通信、高速なデータ通信ができる。"を達成しています。

1.6 携帯電話システムの認証・セキュリティ

一般的に無料で使える携帯電話システムはありませんので、オペレーターと契約した加入者だけが利用可能なシステムになっています。具体的にはオペレーターは加入者が Mobile Network にアクセスするために必要な認証・セキュリティ情報を書き込んだ SIM(Subscriber Identification Module)を提供し、ユーザー側はそれを使うことによってユーザーに認証・セキュリティを意識させることなく実施しています。オペレーター側は SIM に対応する情報を HSS に記憶させており、Mobile Network と UE は HSS と SIM 間の通信を仲介することによって、次の機能を提供します。

- NW 認証:NW が本物かどうか？
- ユーザー認証:ユーザーが加入者かどうか？
- 完全性保証:UE と Mobile Network 間で通信される内容が改ざんされていないことを保証する
- 秘匿:UE と Mobile Network 間で通信されるユーザーデータが第三者に覗き見されていないことを保証する。

このことによって"契約したユーザーだけ通信を許可する。"ということが可能になります。最後の 2 つはあまり関係ないように見えますが、第三者がデータの改ざんが可能であればその第三者は契約せずに改ざんする事によってサービスを利用することが可能になりますし、秘匿がなされていない場合も他のユーザーが通信している内容で一部のサービスを受けることが可能になってしまいます。

1.7 携帯電話システムの無線リソース管理・規制・Admission Control

LTE の一つの特徴として無線区間で使用する無線リソースは eNB 側ですべて管理されているということにあります。LTE は特定周波数帯域の無線免許を取得し、専有している周波数帯を使用することが前提のためネットワーク側でそのリソースの最適な利用を図れるためです。例えば、低遅延が求められる音声通信をしているユーザーに対しては他のユーザーより優先度を上げて、混雑していても一定以上の音声品質を保つことや、110 番や 119 番などの緊急通信を優先的に割り込ませることをしています。

それに対して、Wifi などの無線免許が必要でない周波数帯を使用する通信では通信するペア同士がほとんど対等な位置づけとなるため、混雑時でのサービス品質維持はとても難しくなります。また、余談ですがそもそも Wifi は無線免許が必要ないため、法令で許可された範囲内で最も強い電波を出している機器の通信のみが維持され、同じ周波数で弱い電波で通信しようとしている機器は全く通信できないなどの事態が発生します。※

※:Wifi でもこうした状況を避けるために複数の周波数帯の中で比較的空いている周波数帯を使用するような動作をしますが、最も強い電波を出している機器がすべての周波数帯を専有してしまっていたら、打つ手はありません。

では具体的に無線リソースが eNB 側ですべて管理されているというのはどういうことなのかを考えてみましょう。以下については携帯電話システムに慣れていない人にとって意外だと思います。

- UE は NW 側でその UE に指示した以外の送信が実施できない。
  UE は NW 側から送信権限を割り当てられて初めて送信が可能となります。そのため、UE-eNB 間の送信と受信の処理は非対称的な動作になります。
- UE は通信中にセル選択を自由にできない。通信継続中(無線リソース使用中)は NW 側が指示をしてセルを選択させる。
  UE は通信していない時(無線リソース未使用時)は自由にセルを選択することができますが、通信中は NW 側に UE が測定した無線状況の情報を送信し、その情報を元に NW 側が使うセルを指示します。
  これは eNB 側で UE のセッション情報を保持しているため、勝手にセルを切り替えるとそのセッション情報が維持できない、データの転送経路の切り替えができない、負荷分散のために使うセルを分散させることができないなど様々な理由があります。

また、あとは想像がつく内容だとは思いますが次の様になっています。

- NW 側から UE への送信は NW 側で決定される。
  当たり前ですが、NW 側から UE の送信は NW 側で決定されます。

- UE との通信許可は NW 側が実施する。

  通信許可ですが、混雑時にすべての UE の何%かを拒否する仕掛けとして規制があります。ただし、UE が接続要求をするたびに拒否するのではその分のリソースも無駄になるため、System Information で通知するやり方と、接続要求時または無線リソース要求時に拒否するやり方の両方が用意されています。System Information で通知するやり方を規制、接続要求時または無線リソース要求時に拒否するやり方を Admission Control と呼びます。

携帯電話システムはこのように UE と NW で非対称な通信をするため、それぞれ UE→NW と NW→UE で方向性を示す用語が定義されていて、UE→NW を Uplink(UL)、NW→UE を Downlink(DL)と呼びます。また、一般的なユーザーの使い方の特性上、Downlink が高速であることを求められるため、高速化技術は Downlink 側で優先して採用されます。例えば、YouTube を見ているとしましょう。その場合、データは動画サーバー側から UE 側に流れ、UE から動画サーバー側へは TCP の ACK などの管理情報ぐらいしか送られず、Uplink に対して Downlink のスループットが求められることが分かります。

1.8 LTE で使用される用語

ここまでで携帯電話のシステムにおける要求事項とそれを実現させるための仕組みの概要を説明しました。実際には LTE の各種プロトコルを使って実現されている事柄になり、後の章で詳細は説明します。また、ここで一度 LTE にて使用される用語を簡単に整理します。

表 2 用語・略語一覧 1

	略語	意味
User Equipment	UE	携帯電話、データカード
Mobile Network	NW	携帯電話ネットワーク全体
Radio Access Network	RAN	無線側ネットワーク
Core Network	-	無線以外のネットワーク
Evolved Packet System	EPS	LTE における Mobile Network 全体
EUTRAN	-(既に略語)	LTE における無線側ネットワーク
EPC	-(既に略語)	LTE における無線以外のネットワーク
Bearer	-	仮想的に設定された通信経路
Quality of Service	QoS	通信品質
QoS class identifier	QCI	通信品質の要求特性をまとめた設定の ID
メッセージ	-	プロトコルで使用される送信内容。通常はコントロールデータを指す。
System Information	SI	セルに常にブロードキャストされている情報
Paging	-	無通信中の UE を呼び出すために送信されるメッセージ
Handover	HO	UE が通信中にセルを移動する手順、またはその動作
Circuit Switch	CS	特定の無線リソースを専有させる回線交換方式の通信
Packet Switch	PS	無線リソースを専有せずパケット送受信単位でだけ、無線リソースを使用させる方式の通信
後方互換性	-	旧製品・システムが新製品・システムで利用可能であること。
UE Capability	-	UE のオプション要素の対応能力
Subscriber Identification Module	SIM	加入者情報が書かれた IC カード。認証やセキュリティに使う

		混雑時や工事のためにユーザーのアクセスに制限をかけること。
規制(Barring)	-	混雑時や工事のためにユーザーのアクセスに制限をかけること。
Admission Control	-	現状の無線リソース状態に応じて接続を可否を判断する制御。
Reference Signal	-	UE に信号レベル、タイミング情報を提供するための固定内容の信号
Control-Plane	C-Plane	コントロール情報が流れる経路
User-Plane	U-Plane	ユーザーデータ(ユーザーが送受信する SMS/Mail/Web などのデータで LTE として直接コントロール情報として扱わないデータ)
Uplink	UL	UE→NW の方向
Downlinkg	DL	NW→UE の方向

2　CAT-M の目的

この章ではそもそも LTE の通信方式として IoT 向けなぜ使いにくかったか。また、なぜ CAT-M の仕様を策定する必要があったのかを整理します。LTE は周波数帯域幅を広く取る高速通信向けの規格となっています。更に低遅延、高キャパシティであることが求められていると言った特徴があります。その反面、UE 側に求められる性能も高く、着信時動作を低遅延とするためには Idle での Paging 待ち受け周期も極端に長くすることもできませんし、高キャパシティである以上、キャパシティを犠牲にしたカバレッジ延長のための通信メカニズムも許容されませんでした。まとめると LTE は IoT 向けには以下の問題点がありました。

- UE の値段が高い(高機能すぎて、大量のセンサーネットワークなどに組み込むには単価が高すぎる)
- 電池持ちが悪い(バッテリー駆動で数年持たせるような設計になっていない。スマートフォンは良くて一週間程度しか持たない)
- カバレッジが狭い(許容される最小受信レベルが大きい。SINR が低いと通信できない)
- 比較的、高スループット送信向けに設計されている

CAT-M はこの逆を行くための仕様です。つまり、以下を目的にしています。

- UE は安くしたい(低速通信でも良い。通信できる周波数帯域が狭くても良い。Full Duplex じゃなくても良い。)
- 電池持ちを良くしたい
- カバレッジを広くしたい(許容される最小受信レベルが小さい。SINR が低くても通信できる)
- ちょっとしたデータ送信に向いている。

他の通信方式と比較すると、CAT-M は LTE と他の IoT 向け通信である LPWA(Low Power Wide Area)の通信方式のちょうど中間ぐらいを狙った仕様となっています。どういったことかというと、更に UE を安く、スループットを低く、カバレッジを広くといった目的に対しては NB-IoT という完全に LTE との互換性をなくした仕様が 3GPP で策定されています。つまり、3GPP の IoT 向けの仕様として、高スループット向けは今までの LTE 規格、中〜低スループット向けは CAT-M、低スループット向けは NB-IoT というカバーのされ方になっています。

本書は CAT-M を対象にしていますが、もし他の選択肢を検討しているのであれば次の事項を考慮すると良いでしょう。コストは未知数なところはありますが、広範囲に簡単に導入したいのであれば CAT-M または NB IoT のどちらかが第一の選択肢にはなると思います。

- 広範囲に対して展開したいかどうか？
  広範囲に展開したいのであれば、ライセンスバンド(周波数利用の免許があるバンド)を使用した 3GPP 系の仕様が良いです。というのはアンライセンスバンド(周波数利用の免許がないバンド)の場合は他目的で同じ周波数帯域が使用されている可能性があり、その場合干渉となり得るからです。逆に工場内や自身の敷地内であれば、干渉を排除することも可能なため、アンライセンスバンドを利用した通信方式を使うのも一つの手です。ただし、範囲が限られているのであれば、あえて IoT 向けの通信方式を選択せずとも Wifi で事足りる可能性もあります。
- 要求されるスループットはどの程度か？
  自明のことですが、要求されるスループットに応じた方式選択が必要です。特にオペレーターが提供しているサービスは常にピークスループットが保証されるわけではありません。そのため、実効スループットを考慮する必要があります。
- 電源は確保できるのか？
  電源が確保できるのであれば、それに越したことはありません。また、電源が確保できるのであればデバイス 1 台ごとに IoT 通信をするのではなく、電源をつなげた LTE→Wifi モバイルルーターのような機器を用いて子機を Wifi でつなげたりするようなスター型配線も考慮すべきです。
- 自前で NW を構築するノウハウはあるのか？
  既存の NW を保持する携帯電話オペレーターが SW 改修で追加可能な CAT-M に対して、他の事業者が他の LPWA の通信方式で新しく同等のカバレッジを作るのはかなり難しいため、日本全国レベルでサービスを提供する他の LPWA の通信方式が普及することを期待するのは難しいでしょう。そのため、他の LPWA の場合は自前で NW を構築する覚悟が必要になります。

次に CAT-M UE への要求事項を簡単に見てみます。

2.1 CAT-M UE への要求事項

以下は Legacy LTE の最初のリリースのベースとなる基準(UE Categroy 3)と比較してどれだけの性能が CAT-M UE(UE CategoryM1)に求められているのかを一部選択したものです。見ての通り、一度に送信できるサイズが DL では 100 倍、UL では 50 倍違います。それだけ、CAT-M UE に求められているスループットは低いです。また、同時に送信・受信できる周波数は 1.4MHz と Legacy LTE と比較してかなり狭いです。こうした制約をつけることによって、CAT-M UE は安くなります。※:TTI は最小送信単位の時間間隔で 1TTI といった場合は最小送信単位の意味。

表 3 CAT-M に求められるスループット

	UE Category 3	UE Category M1
1TTI での最大送信サイズ(DL)	102048bit	1000bit
DL 最大同時送信 Layer 数	2	1
1TTI での最大送信サイズ(UL)	51024bit	1000bit
同時に送信/受信可能な周波数	20MHz	1.4MHz

また、カバレッジの観点では Legacy LTE と比較して、後述する+5dB(つまり、Legacy LTE と比較して到達電力 1/7 程度で通信可能)の CE Mode A と+20dB(つまり、Legacy LTE と比較して到達電力 1/100 で通信可能)の CE Mode B が CAT-M で追加されています。

表 4 CAT-M のカバレッジ

	Legacy LTE	UE Category M1 CE Mode A	UE Category M1 CE Mode B
カバレッジ	基準	+5dB	+20dB

CAT-M は一般的には場所を固定して通信することが多いとされる IoT 機器向けの規格ではありますが、別に移動制御やカバレッジのレベルが変化した際に対応するといった動作については制限があるわけではありません。そのため、ウェアラブルデバイスのような身につける人の動作に応じて RF 環境が変わる用途に対しても利用可能な仕様となっています。

また、固定的に設定する用途の機器に移動制御の実装をするのはコストを押し上げる要素になりかねないため、移動制御などは UE 側の必須機能ではなくオプション機能の扱いですし、上記で説明した CE Mode A/CE Mode B の両方のサポートが必須というわけではありません。そのため、UE としては最小限の機能のサポートをすれば良く、価格を下げられる要素になっています。

3　LTE の各種プロトコルの概要

　携帯電話のシステムにおける要求事項とそれを実現させるための仕組みについて概要を説明しました。しかし、それだけでは実際に LTE のシステムがどうやって動いているかわかりづらいため、UE を中心とした LTE の各種プロトコルを説明します。もちろん、EPC 側でも様々なプロトコルが使用されていますが、有線ネットワークのため Mobile Network の特性が薄れています。また本書の目的である CAT-M との関連性が薄いためここでは割愛します。

　まず、以下の C-Plane 側のプロトコルスタックを見てみましょう。以下の図で点線はプロトコルの対応関係、実線の矢印はデータの流れを示しています。一般的な有線ネットワークと同様で上位プロトコルのデータは下位プロトコルによって相手ノードに運ばれ、相手ノードの対応するプロトコルで終端がされるという動作になります。

　例えば、Ethernet 上の TCP/IP でしたら、TCP のパケットは IP レイヤーに渡され、IP レイヤーはそのデータを IP パケットとして Ethernet レイヤーに渡され、Ethernet レイヤーは Ethernet Frame として相手側の Ethernet レイヤーに送信します。相手側の Ethernet レイヤーは相手側の IP レイヤーに受信した Ethernet Frame の中から IP パケットを取り出して渡し、相手側の IP レイヤーは相手側の TCP レイヤーに渡すといった動作になります。

　LTE では同様にして、Uplink では UE の NAS→UE の RRC→UE の PDCP→UE の RLC→UE の MAC→UE の Physical→eNB の Physical→eNB の MAC→eNB の RLC→eNB の PDCP→eNB の RRC→MME の NAS というようにデータの送信がなされます。また、送信するレイヤーに応じて受信するレイヤーが決まり、それ以上の上位レイヤーへは直接パケットは転送されません。例えば、UE の MAC で発生したデータは UE の Physical と eNB の Physical を経由して eNB の MAC に転送され、eNB の MAC で処理されるため、それ以上上のレイヤーへはデータは転送されません。

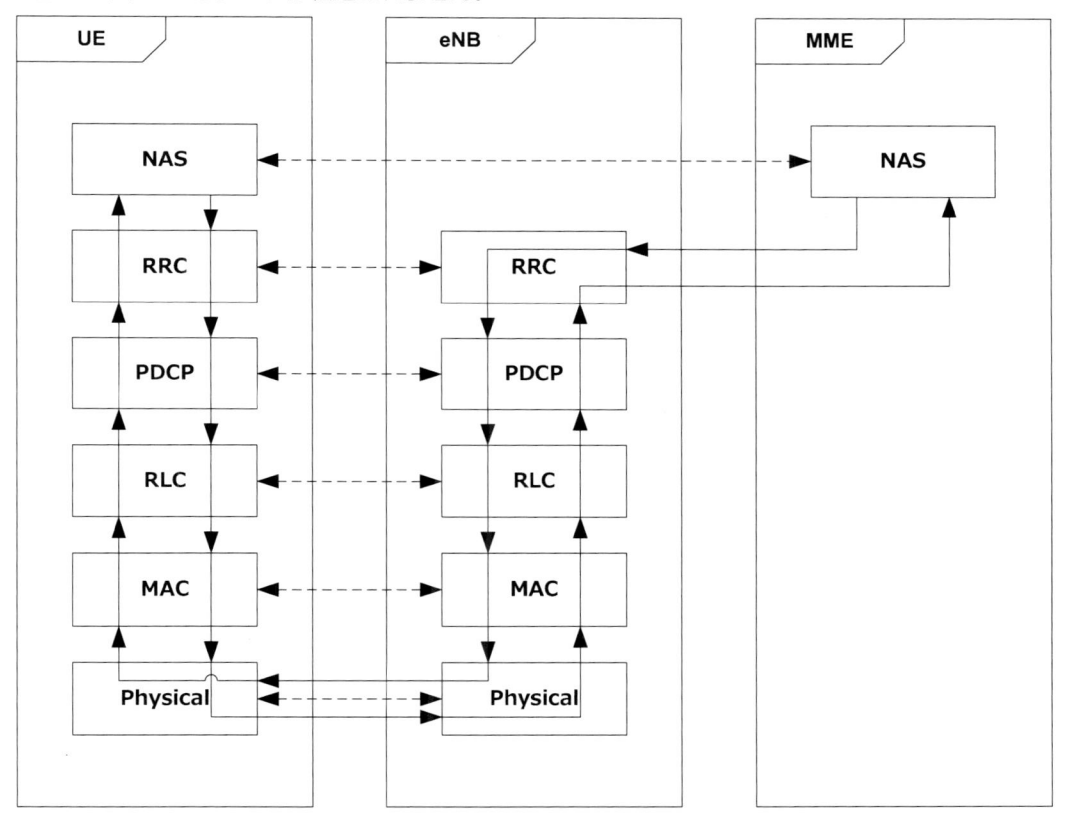

図 8 C-Plane のフロー

　今度は U-Plane 側のプロトコルスタックを見てみます。U-Plane 側は C-Plane の PDCP 以下のレイヤーのみが使用されます。データの発生元、データの送り先がない様に見えますが、UE の PDCP の上位レイヤーは Socket を経由したアプリケーションだったり、テザリング実装だったりします。また、eNB の PDCP の上位レイヤーはユーザーデータを転送する GTP-U というプロトコルになります。しかし、無線系のプロトコルスタックを議論する場合は省略するのが慣例となっています。こちらについても C-Plane と同様に PDCP→RLC→MAC→Physical→Physical→MAC→RLC→PDCP という流れで送信されます。

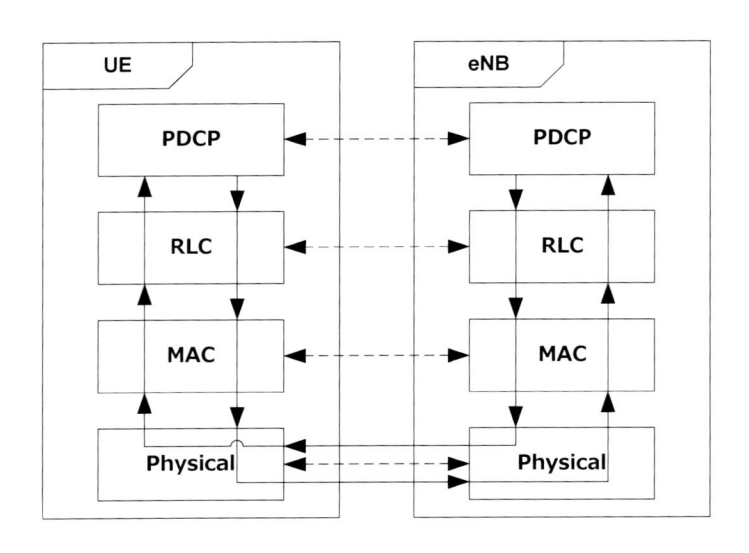

図 9 U-Plane のフロー

また、上位レイヤーから渡されるデータを SDU(Service Data Unit)、該当プロトコルのデータを PDU(Protocol Data Unit)と呼びます。PDU と SDU の関係は次の様になり、PDU は SDU を含みます。また、SDU がない PDU 送信もあります。例えば、NAS メッセージ(SDU)を含まない RRC メッセージは SDU なしの PDU となります。

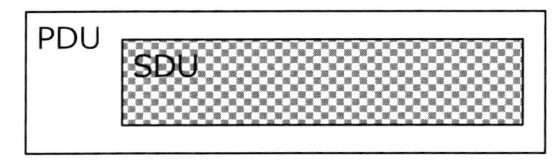

図 10 PDU と SDU の関係

ここまでで LTE のプロトコルを簡単に並べましたが、詳細を見ていく前に各プロトコルの概要を説明します。

- NAS：LTE のトータルの通信経路確立、システムレベルの移動制御を管理します
- RRC：LTE の無線区間の設定・コントロールをします。
- PDCP：秘匿・完全性保証を提供します。
- RLC：柔軟な再送制御、パケットのセグメンテーション機能を提供します。
- MAC：各種通信の優先度設定、無線関連のフィードバック情報を提供します。
- Physical：実際に無線で通信するためのエンコーディング、リソース配置、単純な高速再送などの機能を提供します。

それでは次の章から各プロトコルの詳細を見ていきましょう。

3.1 NAS

NAS はモビリティを含んだ接続のための管理機能として EMM(EPS Mobility Management)とデータを流す経路を確保しセッションを管理する ESM(EPS Session Management)の二つに大別されますが、ここではそのどちらに属するかを特に意識する必要が無いため、機能を一つずつまとめて説明します。

3.1.1　Mobility 管理

*1.2.携帯電話で移動通信を可能にする仕組み*で説明した通り、Mobile Network は UE の場所を常に把握している必要があります。そのため、電源 ON 直後には UE がその NW にいることとサービスを有効化する通知を NW 側にします。また、UE 側で電源 OFF やサービスを切りたい場合には UE は NW 側にサービスを切断する要求をします。このサービスを有効化する要求をする手順をAttach、逆にサービスを無効化する要求をする手順を Detach と呼びます。また、この Attach 手順では UE が NW に対して最初にアクセスする手順となるため、位置の通知以外にも NW 側から UE に対する一時的な ID の割当、後述する認証・セキュリティ、PDN Conneciton・EPS Bearer 設定など一通りの手順が実施されます。逆に Detach 手順ではそれらをすべて消去するのみなので、手順としては単純になります。

このサービス有効化済み状態とサービス有効化前状態については NAS で管理されていて、サービス有効化済み状態を EMM-REGISTERED、サービス有効化前状態を EMM-DEREGISTERED と呼びます。

また、LTE は移動通信のため、UE は同じ場所にいるとは限りません。そのため、UE は一定時間が経過するか、あるいはある程度の場所が変わると位置の更新通知を NW 側に実施します。この位置の更新手順を Tracking Area Update と呼びます。ここで位置と説明していますが、具体的には位置は TAC(Tracking Area Code)という単位で管理されています。また、TAC は以下の図のように通常複数のセルをまとめて一つのエリアとしています。

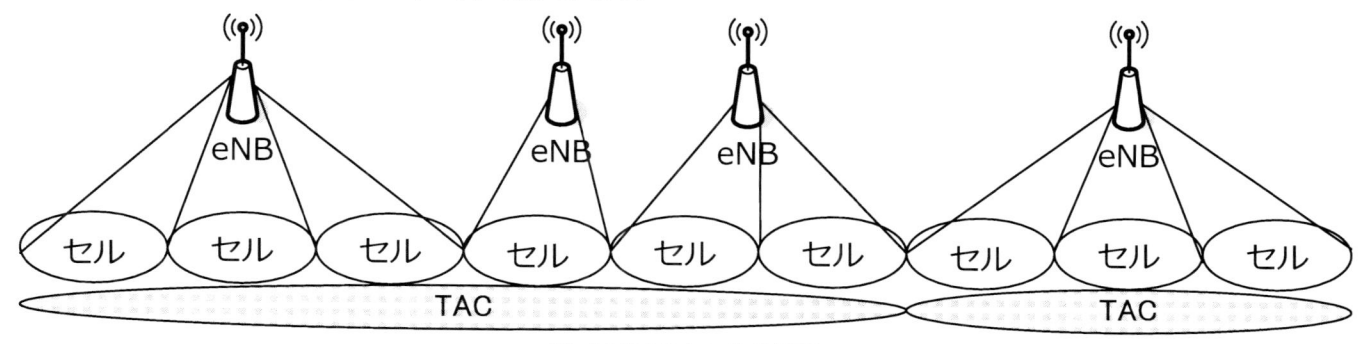

図 11 TAC とセルの関係

3.1.2 PDN Conneciton・EPS Bearer 管理

*1.2.携帯電話で移動通信を可能にする仕組み*で説明したとおり、ユーザーデータは UE⇔eNB⇔S-GW⇔P-GW⇔他ネットワークという様に流れます。また、UE に対する IP アドレスは P-GW.によって割り振られます。その UE⇔P-GW 間のセッションのことを PDN Connection と呼びます。電源 ON して NW 側から認識されている(=EMM-REGISTERED 状態にある)UE には最低でも PDN Connection が一つあり、一つの IP アドレスが常に UE に割り振られている状態になっています。上位レベルのサービスから見ると常に接続されているように見えるため、Always-ON 機能と呼ばれたりもします。また、接続する他ネットワークごとに PDN Connection を切り替えることが可能とするため、一つの UE に対して複数の PDN Connection を設定することが可能です。

また、一つの PDN Conneciton に対して品質特性(QCI)ごとに実際にユーザーデータを運ぶ転送経路となる EPS Berarer を複数設定することが可能となっています。そのことによって、音声通信とデータ通信を並列に実施するなどの通信が可能になります。これが *1.4 携帯電話システムの QoS(QUALITY OF SERVICE)制御* で説明した QoS 制御を実現するための仕組みです。Berarer は馴染みのない単語かもしれませんが、通信業界での仮想的な通信経路の呼び方です。

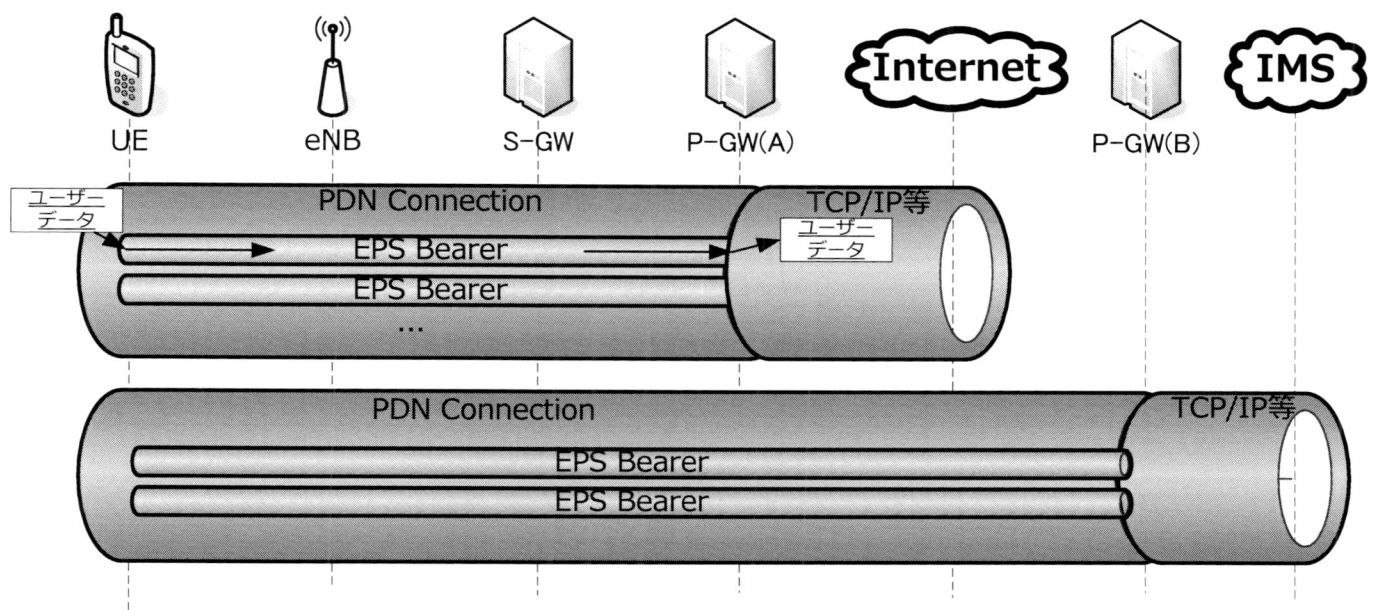

図 12 PDN Connection と EPS Bearer の関係

NAS はこの EPS Bearer と PDN Connection の追加・削除・変更を管理していて、NAS メッセージで追加・削除・変更の指示をして、それに沿った動作を NAS メッセージ受信側のノードが実施します。また、ややこしいのですが、EPS Bearer の実態は各

ノード間をつなぐそれぞれの Bearer となっていて、EPS Bearer は NAS メッセージで明示的に追加・削除しない限り変化しません が、実体の Bearer は UE の状態に応じて削除されます。例えば UE と eNB の間の Radio Bearer と S1 Bearer は無線リソース 節約のためと UE の電池持ちのため UE が通信中だけ存在します。UE が通信していない状態では S5/S8 Bearer だけが存在し、外 部からデータを受信するか UE がデータを送信しようとすると Radio Bearer と S1 Bearer はその都度設定されます。また、Radio Bearer と S1 Bearer はひとまとめにして ERAB(EPS Radio Access Bearer:Radio Bearer+Access Bearer)と呼びます。

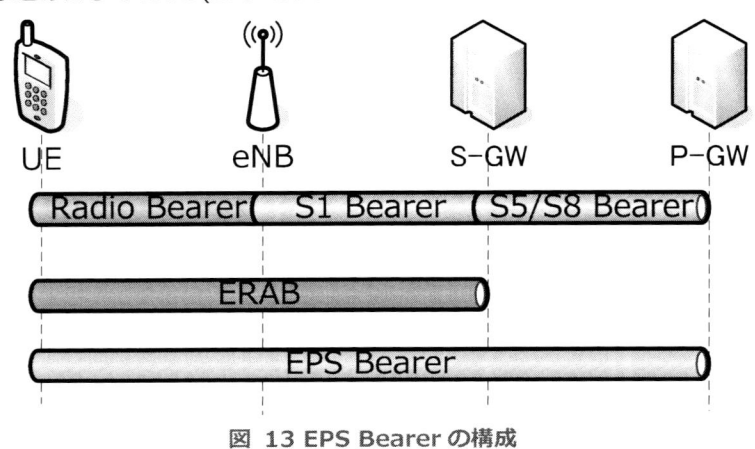

図 13 EPS Bearer の構成

3.2 RRC

RRC は UE-eNB の無線区間での以下の機能を提供しています。主にコントロールのための RRC メッセージのやりとりをし、そ の RRC メッセージの内容に従って、手順を実施するといった無線区間の状態を管理するためのレイヤーとなります。

- コネクション管理：無線区間のコネクションを RRC Connection と呼び、UE-eNB 間で通信するために設定、削除が されます。RRC Connection がある状態を RRC_CONNECTED 状態、ない状態を RRC_IDLE 状態と呼びます。単に Connected 状態、Idle 状態と読んだりすることもあります。RRC_IDLE 状態はブロードキャスト情報と Paging 受信 のみ可能な状態で基本的にはその UE に向けた個別データの送受信ができません。それに対して RRC_CONNECTED 状態はその UE に向けた個別データの送受信ができる状態です。
  また、Idle 状態で Paging を受信し、RRC Connection を設定するのも RRC の機能となります。
- モビリティ制御：通信継続中に UE が移動した場合は eNB が HO を指示してそれを UE が実施して、通信を継続させ ます。また、Idle 状態の場合も、UE が自律的に適切なセルに切り替えを実施して、常に Paging が受信できるように します。
- Radio Bearer 管理：NAS で追加・削除される EPS Bearer に対応する Data Radio Bearer(DRB)と RRC のコントロ ール情報をやり取りするための Signalling Radio Bearer(SRB)の追加・削除・変更を実施します。
- ブロードキャスト情報提供:NAS や RRC 機能のためにセルに対してブロードキャスト情報提供を実施します。System Information は特定の目的でまとめられていて、RRC のメッセージとして System Information Block1、System Information Block2…の様に定義されていて、ほとんどの場合で SIB1、SIB2…というように省略されて表記されま す。
- セキュリティ管理：RRC〜以下のレイヤー向けのセキュリティキー管理・アルゴリズム選択を実施します。
- フィードバック：RRC_CONNECTED 状態では現在の UE の無線の受信レベルや品質情報を eNB 側にフィードバック 通知します。

いろいろな機能がありますが、RRC の目的をまとめると各種の高レベルの無線区間手順をコントロールし、コネクション状態 を最適に管理することと、通知された設定内容を下位レイヤーに渡すという役割になります。そのため、RRC メッセージの IE(Information Element)という通知パラメータの内容を見れば、ほとんどの下位レイヤー(PDCP,RLC,MAC,PHY)の設定が網羅 できます。

3.3 PDCP

PDCP は以下の機能を提供します。大抵のケースでは IP パケットと PDCP のパケットが一対一対応します。また、問題にならない限り、特に PDCP で提供している機能を意識することはあまりありません。

- RRC データの転送：RRC から渡されたデータを PDCP の SDU として転送します。
- ユーザーデータの転送：ユーザーデータを PDCP の SDU として転送します。
- 順序整合・重複破棄：PDCP は PDU に SN(Sequence Number)という通番をつけ、その順序通りに上位レイヤーに転送するようにして、先に送信したものが先に受信され、重複がないようにします。
- 暗号化と暗号化解除：RRC から通知されたアルゴリズムとキーを使ってセキュリティの秘匿の実際の処理を実施します。
- 完全性保証：RRC から通知されたアルゴリズムとキーを使ってセキュリティの完全性保証の実際の処理を実施します。
- RTP/UDP/IP ヘッダ圧縮：VoIP の通信では RTP/UDP/IP ヘッダがデータサイズの大半を占めるのはよく知られた事実です。有線の通信ではそうした非効率さも不要な複雑さを持ち込まないために許容されますが、無線通信ではそうした非効率を避けるため、RTP/UDP/IP ヘッダの圧縮機能として RoHC(Robustness Header Compression)が提供されます。メカニズムとしては音声通話では同じ宛先にデータを送信し続けるため、宛先 IP アドレスやポート番号、RTP のヘッダ内容は変化しないため、一度送ったら以後は同じデータを送らないようにする仕組みです。(実際には長過ぎる SN を圧縮したりもしています)

  ※:有線通信で RoHC を適用することも可能ですが、あまり通信効率で困ることが無いため、適用されないだけです。

3.4 RLC

RLC には TM(Transparent Mode)、UM(Unacknowldge Mode)、AM(Acknowldge Mode)の 3 つのモードがあり、それぞれのモードに応じて以下の機能を提供します。TM は RLC に何もさせないモードで、UM は RLC に再送をさせないモードで、AM は RLC のすべての機能が有効化されたモードです。

全モード共通:

- 上位レイヤーのデータの転送：PDCP から渡されたデータを転送します。

UM/AM のみ:

- セグメンテーション、コンカチネーション：MAC から提示された無線リソースサイズに上位レイヤーから渡されたデータが載りきらない場合、上位レイヤーから渡されたデータを分割して送信します。この動作をセグメンテーションと呼びます。また、逆に MAC から提示された無線リソースサイズが上位レイヤーから渡されたデータより大きい場合は上位レイヤーから渡されたデータを複数まとめて一つの RLC PDU として送信します。この動作をコンカチネーションと呼びます。

  受信側では逆の動作としてセグメンテーションされたデータを纏めてから上位レイヤーに転送し、コンカチネーションされたデータを分割してから上位レイヤーに転送します。

- 順序整合：MAC/Physical レイヤーで順序逆転してしまった RLC PDU の順序を整合させてから上位レイヤーに転送します。

AM のみ:

- ARQ(Automatic Repeat reQuest)再送：柔軟性がある反面、下位レイヤーで実施する HARQ(Hybrid ARQ)再送よりも遅延が大きい再送機能を提供します。これにより、QCI9(TCP/IP 向け)で求められる 0.0001％のパケットロス率を達成させることができます。再送発生時は遅延が大きくなるため、許容遅延時間が厳しい QCI1(音声)では使われません。
- 再セグメンテーション：ARQ 再送時に割り当てられた無線リソースサイズが初回送信時よりも小さい場合は再度セグメンテーションを実施して、新しく割り当てられた無線リソースに適合させる動作です。

次に特に重要な機能については別途説明をします。

3.4.1　セグメンテーション・コンカチネーション

大抵の LTE 通信では PDCP の SDU は IP パケットのため、1500Byte 程度で送信されてきたりします。しかし、1500Byte が現在の RF 環境で一度に送信可能なサイズとぴったり合っていることはまずないため、サイズ調整のセグメンテーションとコンカチネーションが RLC で実施されます。セグメンテーションはその名の通り、渡された PDCP の PDU のサイズが一度に送信可能なサイズと比較して大きすぎる場合に分割する処理となります。逆にコンカチネーションは送信可能なサイズの方が大きい場合に PDCP の PDU を複数束ねて送信する仕組みになります。

ややこしいのですが、このコンカチネーションとセグメンテーションは同時に実行されるケースもあり、例えば送信可能サイズが 4000Byte で 1 つあたりの PDCP の PDU が 1500Byte だった場合(PDCP の PDU サイズは可変なのですべての PDU のサイズが同じとは限りませんが簡単のため同じサイズとしています)、一つ目と二つ目の PDU はすべてまとめてコンカチネーションされます。それに対して三つ目の PDU は最初の 1000Byte(正確には RLC ヘッダ分だけ小さくなる)が分割されてその分割された 1000Byte 分が載せられます。

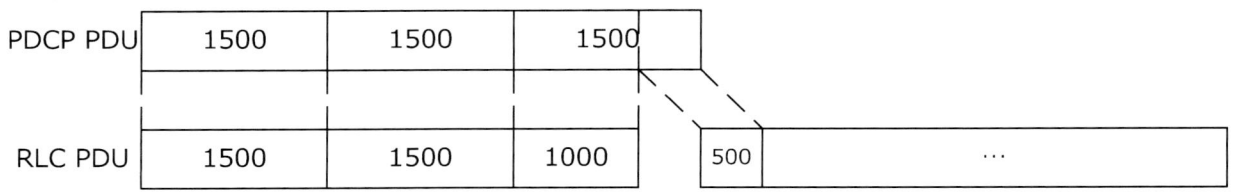

図 14 RLC PDU と SDU の関係(セグメンテーション・コンカチネーション)

実際にどのようにして、管理しているかというとセグメンテーションについては分割された PDCP PDU の先頭を含むかどうか、末尾を含むかどうかの bit を RLC ヘッダに付けているのみです。つまり以下のような組み合わせになります。後述する ARQ 再送時の再セグメンテーション時のみだけ、範囲を指定します。

表 5 RLC のセグメンテーション管理 bit

	先頭を含む bit	末尾を含む bit
分割無し	1	1
分割データの先頭	1	0
分割データの中間	0	0
分割データの末尾	0	1

コンカチネーションについてはもっと単純で RLC のヘッダ内で次に PDCP PDU 毎に次のフィールドがあるかどうかの E フラグと Length フィールドがあり、E フラグが 1 の場合は Length フィールドで指定された長さの後に E フラグ、Length フィールドがあるようになっています。

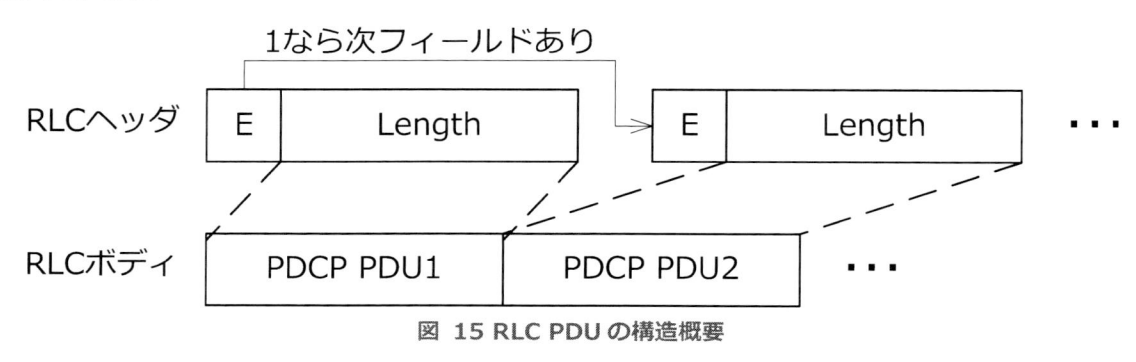

図 15 RLC PDU の構造概要

3.4.2　ARQ 再送

AM RLC で実施される ARQ 再送は低いパケットロス率が求められる EPS Bearer に適用され、後述する HARQ 再送と以下の違いがあり、単純で高速な再送か柔軟で低速な再送かで棲み分けをしています。

表 6 HARQ 再送と ARQ 再送の比較

	HARQ 再送	ARQ 再送
再送遅延	8msec～	数十 msec～
再送時のパケットサイズ	初回送信と同じ	変更可能
再送のフィードバック	送信毎に専用のチャンネルで ACK/NACK を通知	一定期間 or 一定パケット数でまとめて RLC のコントロールデータとして ACK/NACK を通知
実施レイヤー	Physical+MAC	RLC

具体的な ARQ 再送のメカニズムですが DL/UL で対称的になっているので、UL の例で説明をします。送信側の AM RLC は一定の Byte 数あるいは PDU 数を送信すると、ACK/NACK 送信を相手側に要求する Poll bit を 1 に設定して PDU を送信します(例外として、RRC メッセージを運ぶ最後の PDU は遅延が許されないため、必ず Poll bit=1 で送信します)。Poll bit=1 の PDU を受信した相手側の AL RLC はそれまでに受信した PDU の一番大きい SN+1(ネットワーク通信の業界の慣例で、受信した SN の+1 を返すのが一般的なプロトコルで、それに LTE は沿っています)と受信に失敗した SN のリストを返します。以下の図では SN=5 と SN=8 で失敗しており、SN=10 で poll bit=1 の PDU が送信されているので、RLC の ACK/NACK 情報としては SN=11 で NACK となる SN が 5,8 と通知されます。NACK として通知された SN は送信側 RLC で再送がされます。

図 16 ARQ 再送手順

次に Poll bit=1 の RLC PDU が届かないケースを考えてみます。Poll bit=1 の RLC PDU もロスするケースがあるので、その場合はこのままの仕組みだと上手く動作しません。そこで LTE では Poll bit=1 の RLC PDU を送信してから RLC の ACK/NACK 情報が一定時間内に戻って来なかった場合には次に送信する RLC PDU に Poll bit=1 を付けて送信する仕組みがあります。以下の図を見て下さい。Poll bit=1 の RLC PDU に応答がないケースのために Poll bit=1 の RLC PDU を送信したタイミングでタイマーを設定し、その期間中に応答がない場合は再度 Poll bit=1 を付けて送信をしています。

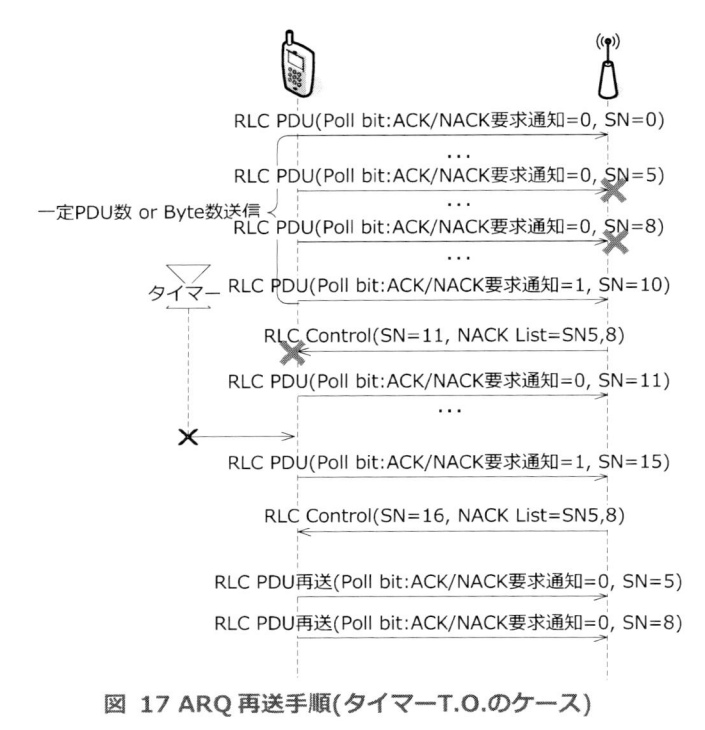

図 17 ARQ 再送手順(タイマーT.O.のケース)

　さらに、LTE RLC は分割再送を可能にする再セグメンテーションをサポートしています。これはどういったことかというと、例えば初回送信では RF 環境が良かったので一度に 1000Byte で送信できていたが、再送のタイミングでは RF 環境が悪いので一度に 500Byte で送信しなければならないというようなケースで用いられます。具体的には初回送信で 1000Byte に対して SN=0 で送っていたものを再送では SN=0 の先頭 500Byte 部分、後方 500Byte 部分といった形で分けて送信することが可能です。もちろん ACK/NACK 情報もそれに対応する必要があるため、分割されている場合は次の様に動作します。分割したものを更に分割することも可能で同じメカニズムが用いられます。

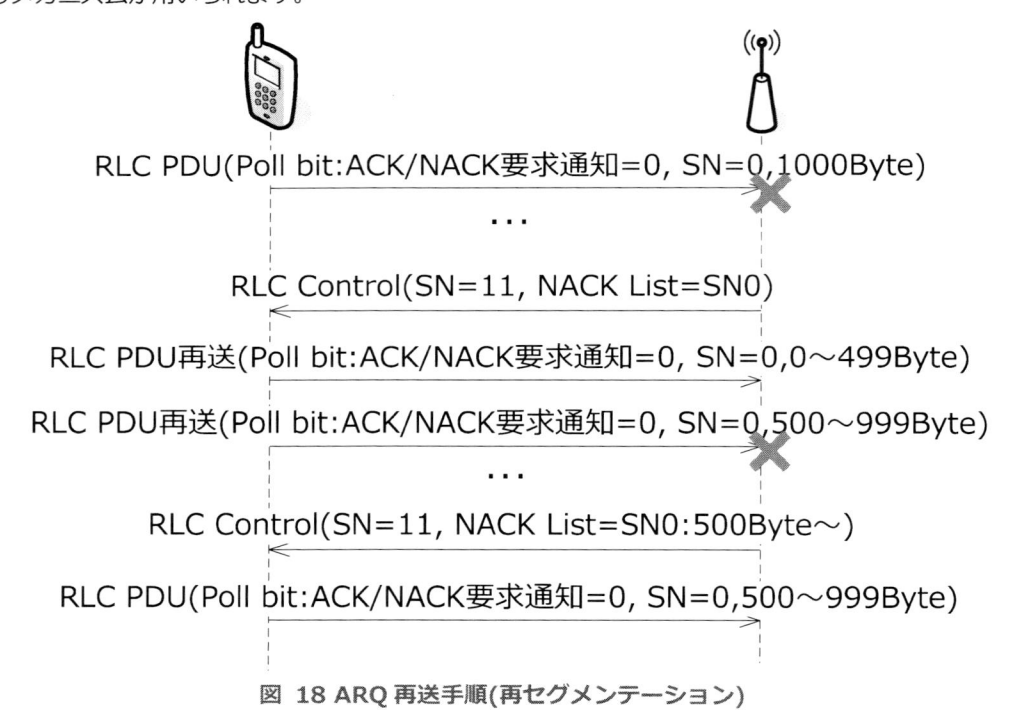

図 18 ARQ 再送手順(再セグメンテーション)

3.4.3 スライディング Window 制御(ARQ 再送関連)

また、一般的な再送制御を実施するプロトコルと同様に RLC ではスライディング Window 制御を実施しています。スライディング Window 制御というのは一度にやり取りできる SN つまり、送受信が成功したパケットの幅を決めておく仕組みです。なぜ Window 制御が必要かというと、送信側では ACK 応答を受信できていない送信データについては保持し続けないといけないため、Window 制御がないと際限なく送信データを保持し続ける必要があって、送信バッファが足らなくなり、受信側は順序整合を取るために古いパケットを受信できていない場合はデータを際限なく溜め込む必要が出てしまうからです。実際には SN の最大値(SN0〜SN MAX の後は SN0 に戻る)に応じて Window 幅は異なるのですが図示を簡単にするために Window 幅を 8 にした例を見てみます。まず一つ目の図の状態ですが SN0〜2 を UE が送信し、eNB が 1 に対して NACK を返した状態です。その状態では一番古い SN は 1 なのでそこから幅 8 までの SN の PDU を UE は ACK を待つことなく送信可能です。つまり、SN1(再送)、3〜8 まで連続で送信することができます。しかし、それより先の SN9〜については UE が ACK を受けてからでなければ送信することができません。

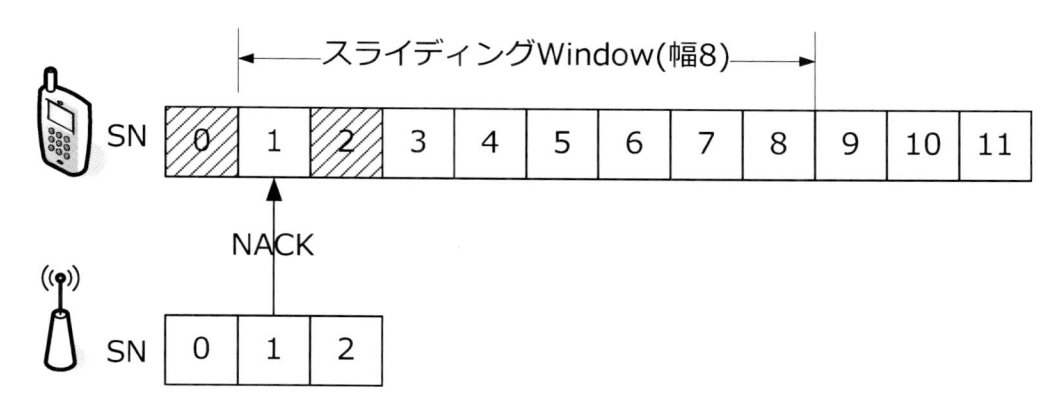

図 19 Window 制御の例 1

次に再送を含めて、SN=8 まで UE が送信した後に eNB が SN4,5 に NACK を返したとします。すると一番古い SN は 4 なのでそこから幅 8 までの SN である SN11 まで UE は送信可能となります。このようにして送信できる幅を決めて、それをずらしていくのがスライディング Window 制御です。

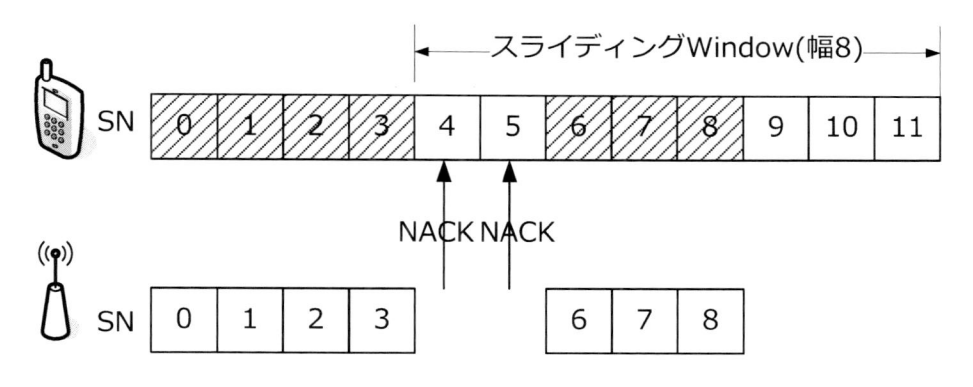

図 20 Window 制御の例 2

3.5 MAC

MAC は Physical レイヤーにかなり近いレイヤーであり、MAC と Physical レイヤーは密接に協力して複数の機能を提供します。そのため、MAC がポリシー的な意味の部分を提供し、Physical がメカニズムを提供するという仕組みがたくさんありますが、ここではその関連性については説明せず、手順の説明の部分で説明をします。MAC は以下の機能を提供します。

- Multiplexing:複数の上位レイヤーからのデータを一つにまとめて送信します。受信側はそれを分解して対応する上位レイヤーに渡します。また、上位レイヤーごとの優先度づけと GBR(Guarantee Bit Rate) Bearer に対しては保証レート分だけのリソース割付を実施します。

- UL Bubffer Status Report:UE 側にどれだけの未送信 UL データがあるかを eNB に通知します。このデータを元にして eNB は UE に UL リソース割当サイズを決定します。
- Power Headroom Report:UE 側にどれだけの送信電力余裕があるかを eNB に通知します。UE 側は電池持ちと干渉を避けるために距離が近い場合、送信周波数幅が狭い場合は最大送信電力で送信することはありません。eNB はこの情報を元に送信周波数幅を変更したりします。
- HARQ 再送:単純かつ低遅延の再送メカニズムを提供します。
- Random Access メカニズムの提供:LTE では Idle 時に UE に対して個別の UL リソースを割り振っていません。また、初回送信では UL タイミング同期が取れていないため、タイミング合わせと UE 個別リソース割り振りのために Random Access 手順を実施しますが、MAC はその仕組みを提供します。
- レイヤーマッピング:上位レイヤーごとに適切な下位レイヤーの機能にマッピングします。

以下で特に重要な機能については別途説明をします。

3.5.1 Multiplexing

PDCP/RLC は Radio Bearer 毎(QCI ごとの Data Radio Bearer と RRC/NAS メッセージを運ぶ Signalling Radio Bearer)にエンティティがあり、それぞれのエンティティは一つの Radio Bearer のデータのみを扱います。それらのデータは Physical レイヤーでは区別して送信しないため、MAC はそれらを多重化して一つまたは二つの MAC PDU にデータを載せます。そのため、一つずつの Radio Bearer に対して Logical Channel ID を割り振り、その Logical Channel ID ごとの多重化を実施します。また、MAC で発生するデータもあるため、それらについても仮想的な Logical Channel ID が振られています。結果としておおよそ次のようなヘッダとボディ構造で各 Logical Channel のデータがまとめられて送られることになります。また、MAC PDU は Transport Block と呼ばれ、それがそのまま Physical Layer で 1TTI に送られるデータになります。(もちろん Physical Layer 側で加工は入りますがベースのデータとしてはこの Tranport Block になります)

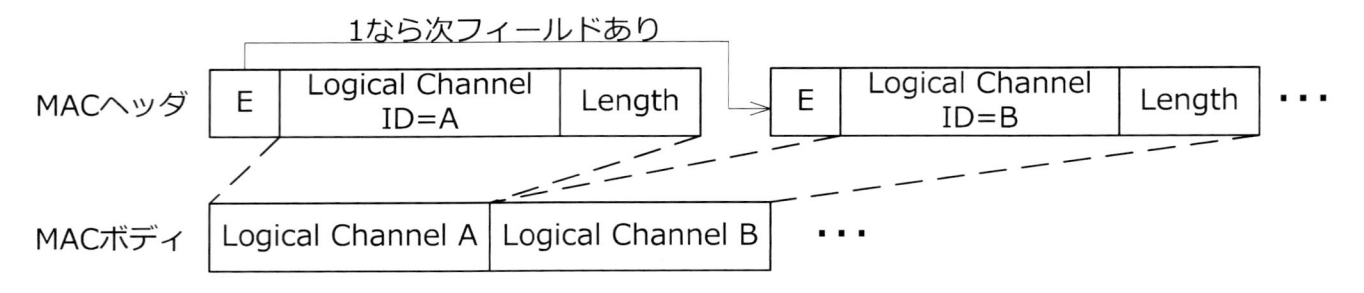

図 21 MAC PDU 構造概要

3.5.2 HARQ 再送

MAC は高速な HARQ 再送をサポートしており、それぞれの Transport Block に対して一つの HARQ プロセスが対応します。具体的な動作としては単純で Transport Block を送信して、受信側から ACK が返ってきたらなにもしない。NACK が返ってきたら再送をするという動作をします。

送信後に遅延無しで受信側からの ACK/NACK 応答を期待することはできないため、連続して送信するために LTE では 8 個の HARQ プロセスが DL/UL それぞれにあります。例えば、HARQ プロセスが一つだけだと、送信 A→ACK/NACK 待ち→ACK 受信→送信 B という様に送信 A～送信 B の間にある送信チャンスを使えないので、そうした仕組みにしてあります。また、受信側の HARQ プロセスは単純に再送を受けるだけではなく、後述する誤り訂正符号を使う事によって前に受信していた内容も含めてデコードを実施する Soft Combining という仕組みが使えるため、複数回送信したメリットを活かせるようにしています。

3.6 Physical

Physical レイヤーは実際の無線送受信、無線リソース管理、タイミング制御などの機能を提供します。通信の特性・用途ごとにチャンネルというカテゴリにまとめて動作が規定されています。また、*1.7.携帯電話システムの無線リソース管理・規制・ADMISSION CONTROL* でも説明したとおり、LTE は DL と UL で非対称な通信であり、このレイヤーは特に DL と UL での差分が大きいため別々に規定されています。

また、チャンネル単体で見てもわかりづらいため、*3.7.レイヤー間インターフェース*でレイヤー間の関係を確認した後、こちらを見るのも良いと思います。

3.6.1　Frame/Subframe 構造(時間軸の構造)

LTE では Physical の送受信タイミングを規定するため、Frame/Subframe/OFDM シンボルといった時間軸の区切りがあります。(Slot という概念もありますが、かえってわかりづらくなるため、ここでは説明しません。)。Subframe が LTE の Physical の基本的な概念となり、一回の Physical レイヤーの送受信はこの Subframe 単位で実施されます。通信の一般的な用語で言う TTI(Transmission Time Interval)となります。また、この Subframe では RRC や NAS でタイミングを制御するためには細かすぎることと、10msec 周期で実施したい手順があるため、Subframe を 10 個まとめて Frame という単位で管理しています。特に Frame は LTE の通信上の時刻管理で用いられます。例えば、Idle 状態の UE では電池持ちを良くするため、Paging のタイミングだけ DL 信号を受信する動作をし、そのタイミング指定にはこの Frame 番号である SFN(Super Frame Number)が用いられます。

FDD の LTE では時刻同期はオプションの扱いとなるため、この SFN はセル単位で異なっている可能性があり、あくまでもそのセル内だけで通用する相対的な時間となります。

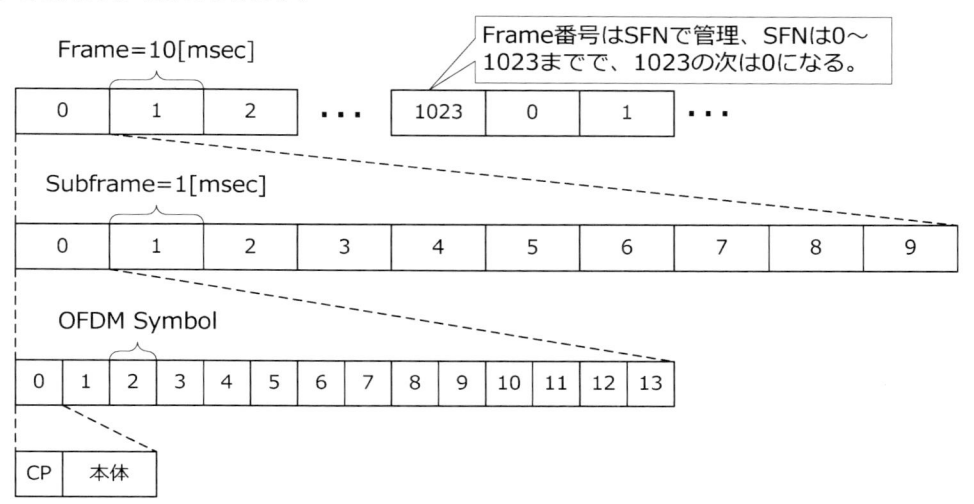

図 22 LTE のフレーム構造

OFDM シンボルはその名の通り OFDM(Orthogonal Frequency Division Multiplexing)通信方式で使用される 1 つのデータを送るのに使用される単位です。OFDM シンボルは通信方式の仕組み上、1 / subcarrier 周波数 ＋ αの長さとなり、このαは Cyclic Prefix と呼ばれる本体データのリピートになっています。以下の図の網掛け部分のデータと CP の部分のデータが同じであるということです。また、ややこしいのですが、各 OFDM シンボルでこの Cyclic Prefix の長さは固定ではなく、0 番目と 7 番目の OFDM シンボルは長くなっています。

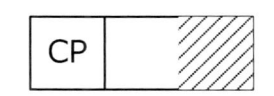

図 23 Cyclic Prefix 模式図

OFDM 通信方式は FFT を使う関係上、タイミングがずれてデーター式が揃わない場合はデコードできません。そのため、反射波などで複数のタイミングに別れている伝搬環境の場合はそのままだと実力が発揮できません。そこで、反射波などの複数のタイミングがずれた信号を許容するため、Cyclic Prefix をつけてタイミングがずれた信号でもデコード可能としています。以下の図を見て下さい。直接 eNB と UE 間で信号が届いたパス 1、ビルに反射して届くパス 2、工場に反射して届くパス 3 があったとします。

Cyclic Prefix がなかったとすると、一番信号の強いパス 1 のみ受信可能で他のパスの信号はすべて干渉になってしまいます。しかし、Cyclic Prefix があることでパス 1 とパス 2 は一式のデータが揃うため信号として受信することが可能になります。

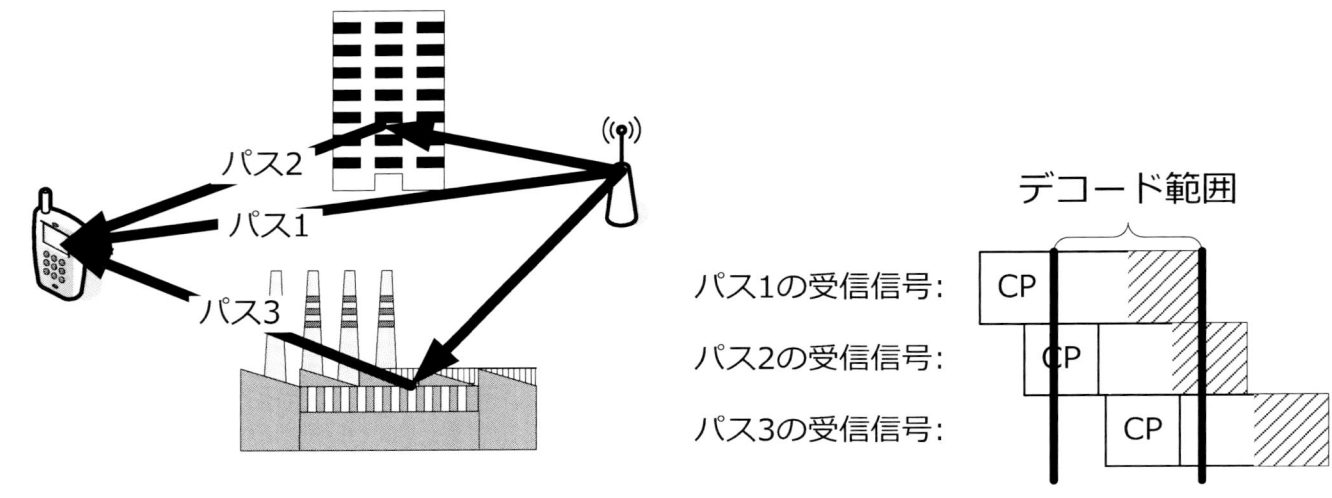

図 24 Cyclic Prefix の利用例

3.6.2　Subcarrier、PRB(周波数軸の構造)

LTE では OFDM 通信方式を使うため、Subcarrier という単位で周波数軸方向のリソースを管理しています。また、DL については OFDM をそのまま使っていますが、UL については OFDM 通信方式を直接使うと平均-ピーク電力の差が大きくなり、UE のような電池持ちを気にしなければいけないデバイスで送信系の電力効率が悪くなることは問題なため SC-FDMA(Single Carrier Frequency Division Multiple Access)という方式を用いています。ここでは詳細に説明しませんが、単純な Subcarrier の重ね合わせである OFDM とは異なり Single Carrier の名前の通り、連続した一つの周波数帯域での送信となります。そのため、UL のリソース割当は連続した周波数帯域が前提となります。

では次に実際の周波数割り当てを見てみます。上記で説明したとおり、SC-FDMA は連続した帯域割り当てが前提となるため、Subcarrier 単位の割当はしませんが、DL/UL で同様の周波数割り当てとなっています。また、各国で運用されている周波数割り当ての状況に応じて様々な制限がかかるケースがあります。例えば、日本の 2G の一部の周波数帯は隣接帯域に小電力通信である PHS が割り当てられているため大幅な制限がかかります。しかし、ここでは特に制限がかかっていないものとして説明します。また、FDD LTE では DL/UL で異なる周波数帯をペアにして使用し、TDD LTE では DL/UL で共通の周波数帯を用いますが、本書では FDD LTE のみ、Normal CP のケースのみを説明します。

以下の図が LTE での周波数配置になっており、使用できる周波数帯域が 10MHz の場合は 600subcarrier(9MHz)、15MHz の場合は 900subcarrier(13.5MHz)、20M の場合は 1200subcarrier(18MHz)となっています。残りの周波数帯域は両端にガードバンドとして他周波数帯への影響を緩和するための空き帯域となっています。また、中央の 1subcarrier 分の周波数はベースとなる発振器が発生させるノイズを避けるため、ブランクとなっています。

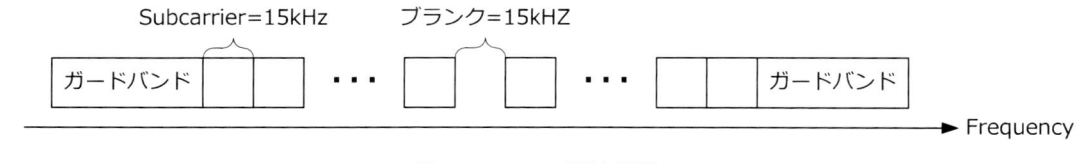

図 25 LTE の周波数配置

3.6.3　周波数と時間軸の組み合わせのリソース割当

　次に実際の運用上で使われる単位を見ていきます。LTE での最小のリソース単位は 1OFDM シンボル x 1subcarrier となり、RE(Resource Element)と呼ばれます。DL のコントロール情報、Reference Signal はこの RE 単位または、RE を幾つかまとめた単位で送信されます。以後、本書では特に記載がなければ横軸に OFDM シンボル(時間軸)を取り、縦軸に Subcarrier(周波数軸)を取ります。

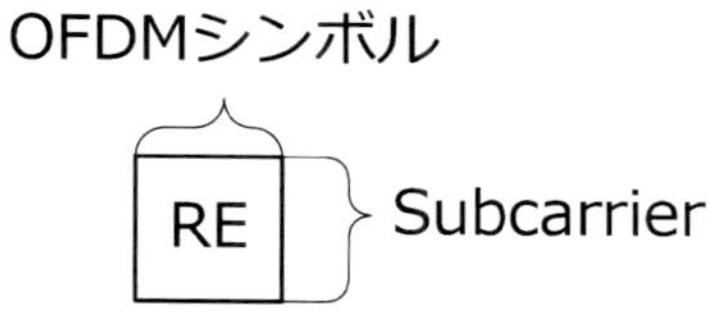

OFDMシンボル

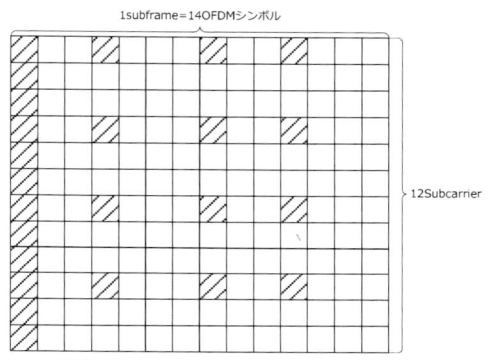

図 26 Resource Element

　また、DL/UL で UE 個別に割り当てられるデータ送受信向けリソースは PRB(Physical Resource Block)という単位で割り当てられます。PRB の周波数幅は 12 個の subcarrier をひとまとめにした 180kHz の単位となり、時間軸の単位は subframe 単位となります。だだし、他目的で使用されている RE は UE 個別のデータ送受信に使用することができないため、実際には穴があいているような割り当てになります。また、設定によっても異なるため、1PRB=168RE=12 subcarrier x 14OFDM シンボルではなく、それより少ない RE 数となります。以下は DL の 1 例で網掛け部分は他目的で使用されているため、UE 個別のデータ送受信に使用できません。

図 27 Physical Resource Block

　まとめると、UE 個別のスケジューリングは周波数方向・時間軸方向には PRB 単位で割り当てがなされます。また、DL/UL の差分として、DL は OFDM なのに対して UL は SC-FDMA なので UL については連続した PRB 割り当てしか許可されないのに対して、DL は離散的な PRB 割り当てが可能です。また、FFT を使用する実装上の都合で UL は FFT が効率的に実施できる次の PRB 数のみで UL 送信が許容されています。実際に使える PRB 数を計算してみると、1,2,3,4,5,6,8,9,10,12,15,16,18,...とかなりのバリエーションを網羅できているため、実運用で困ることはあまりないかと思います。

$$PRB 数 = 2^{N1} \times 3^{N2} \times 5^{N3} : ここで N1、N2、N3 は 0 を含む自然数$$

　以下は DL PRB 割り当ての例です。以下の様に連続していない PRB 割り当てが可能です。また、1Subframe で送信するデータのことを Transport Block と呼びます。

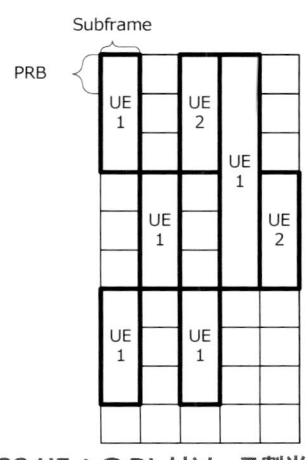

図 28 UE への DL リソース割当

3.6.4　測定項目

　LTE では UE 側で幾つか測定しなければいけない項目が定められており、ここではその代表的なものを紹介します。まず、一つ目として RSRP(Reference Signal Received Power)があります。これは eNB が常に DL 送信している Cell Specific Reference Signal を UE が受信した電力を算出します。Cell Specific Reference Signal は RE 単位で送信されるため、電力は 1Subcarrier あたりの値となります。この RSRP が LTE の eNB から送信されている DL 信号の強さの基準値として用いられます。つまり、RSRP が高ければ eNB からの信号を強く受信している(≒eNB からの距離が短い)、低ければ eNB からの信号を弱く受信している(≒eNB からの距離が長い)といえます。

　次に RSRQ(Reference Signal Received Quality)があります。これは名前だけ見ると Quality なので品質だと思っても良いのですが、正確には異なります。それについては定義式をみて議論する必要が有るため、定義式で用いられる RSSI(Received Signal Strength Indication)を先に説明します。RSSI は名前だけ見ると信号成分だけを取っているように見えますが、対象とする帯域全体の受信電力をすべて足し合わせたものになります。つまり、RSSI＝Reference Signal＋Reference Signal 以外の信号＋ノイズ＋干渉になります。

　RSSI がわかったところで、RSRQ の定義を見てみます。RSRQ の定義は以下となります。

$$RSRQ＝RSRP/RSSI＝RSRP/(Reference\ Signal＋Reference\ Signal\ 以外の信号＋ノイズ＋干渉)$$

　分母のノイズ、干渉が大きくなれば RSRQ が低くなるため、ノイズ、干渉だけを議論すれば RSRQ が高い＝品質が良い、RSRQ が低い＝品質が悪いと言えます。しかし、問題は Reference Signal 以外の信号についても分母に含まれていることです。これはどういうことかというと、自分のセルで DL 信号の送信が増える＝負荷が高くなると RSRQ の値は低くなります。つまり、RSRQ は二つの意味を持っていて、品質指標としての面と負荷指標としての面を持っています。

　LTE の基本的な測定項目は上記の二つとなり(位置測位向けの測定項目は他にもあります)、後述する RRC メッセージでの RF 環境のフィードバック、つまり Measurement Report メッセージで UE から eNB に送信される DL RF 環境測定結果のデータは上記の RSRP と RSRQ で示されます。

3.6.5　Physical チャンネル

　ここでは Physical レイヤーが使用している直接 RF のリソースに対応するチャンネルである Physical チャンネルを説明します。チャンネルというのは用途ごとにまとめられた、特定リソースを使用する通信と思ってください。NAS で管理している EPS Bearer は QoS 毎に設定されていますが、このチャンネルも同様に用途ごとにどういうデータをどのように加工して、どのリソースで送るかのルールをまとめたものです。Physical レイヤーではその他にも Transport チャンネルを扱っていますが、チャンネルマッピング以外には意識することは少ないため、割愛します。また Physical チャンネルの名前の付け方は規則があり、PXXXCH(Physical XXX CHannel)という名前になっていて、XXX には用途が限定的なチャンネルは載せるデータを示す名前、用途が広範囲に渡る場合は意味的な名前が入ってきます。

3.6.5.1 DL の Physical チャンネルの概要とリソースマッピング

DL には次の Physical チャンネルがあります。また、チャンネルとは別に基準となる信号(強さ・周波数・タイミング)として Reference Signal が送信されます。Reference Signal はチャンネルのデータとは排他的になるので、Reference Signal で使用した RE はチャンネルのデータを載せないような仕組みとなっています。

- PBCH(Physical Broadcast CHannel)

  MIB(Master Information Block)と呼ばれるセルの基本的な情報を示したブロードキャスト情報を載せるためのチャンネルです。特定の Subframe のみで送信されます。

- PCFICH(Physical Control Format Indicator CHannel)

  CFI(Control Format Indicator)と呼ばれる PDCCH でいくつの OFDM シンボルを使用するかの情報を通知するためのチャンネルです。すべての Subframe で送信されます。

- PDCCH(Physical Downlink Control CHannel)

  DL/UL のスケジューリング、UL 電力コントロール、RACH 指示など UE に細かい単位で指示を出す際に使用される DCI(Downlink Control Information)を送信するチャンネルです(細かくない単位での指示は上位レイヤーで実施されます)。Physical レイヤーにおける大半の制御はこのチャンネルを用いて実施されます。すべての Subframe で送信される可能性があります(すべての Subframe でリソースの確保がされています)。

- PHICH(Physical HARQ Indicator CHannel)

  UL 送信に対する HARQ ACK/NACK を通知する HI(HARQ Indicator)を送信するチャンネルです。すべての Subframe で送信される可能性があります(すべての Subframe でリソースの確保がされています)。

- PDSCH(Physical Downlink Shared CHannel)

  Physical レイヤーとしてコントロール情報ではなく、データとして扱うものを送信するチャンネルです。具体的には MAC から渡された Transeport Block を送信するチャンネルです。すべての Subframe で送信される可能性があります(すべての Subframe でリソースの確保がされています)。

それぞれのチャンネルの割り当てリソースを見てみましょう。PCFICH で通知された CFI で PDCCH が使用できる OFDM シンボル数を示し、残りの OFDM が PDSCH で使える OFDM シンボル数になります。PCFICH と PHICH は最初の OFDM シンボルに載ってきて、4 つの RE を組みにした単位で割り当てをします。以下の図では狭い範囲にだけ割り当てがされているように見えますが、実際にはセルの周波数全体にまんべんなく分散する様に配置されています。PBCH のリソース配置については後のセル選択手順で説明するほうがわかりやすいためここではスキップします。

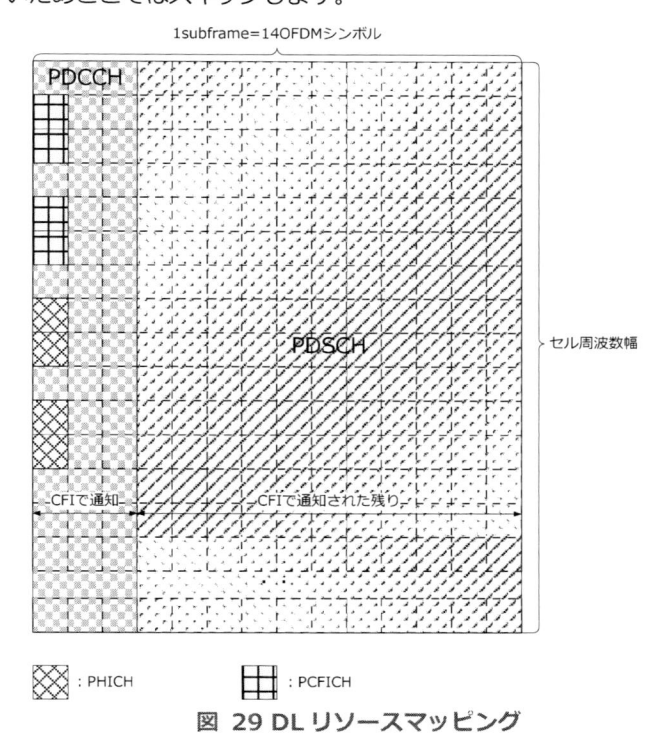

図 29 DL リソースマッピング

3.6.5.2 UL の Physical チャンネルの概要とリソースマッピング

UL には次の Physical チャンネルがあります。また、チャンネルとは別に基準となる信号(強さ・周波数・タイミング)として PUCCH/PUSCH の一部分で Demodulation Reference Signal が送信されますが、特に意識する必要はあまりありません。

- PRACH(Physical Random Access CHannel)
  後述する RACH 手順で使用するタイミング合わせ、UE 個別リソース割当の専用手順で使用するチャンネルです。設定次第ですが特定の Subframe だけで送信可能です。

- PUSCH(Physical Uplink Shared CHannel)
  Physical レイヤーとしてコントロール情報ではなく、データとして扱うものを送信するチャンネルです。具体的には MAC から渡された Transeport Block を送信するチャンネルです。すべての Subframe で送信される可能性があります(すべての Subframe でリソースの確保がされています)。

- PUCCH(Physical Uplink Control CHannel)
  DL 送信に対する HARQ ACK/NACK フィードバック、UL スケジューリング要求、CSI(Channel Status Indicator)送信のためのチャンネルです。使い方については後の手順の部分で説明するため、そちらを参照して下さい。UL のコントロール情報としてのチャンネルで RRC Connection に対して割り当てられるため、RRC Connection がない場合はリソースが割り当てられません。しかし、通常の運用では常に割り当てられているものとされます。

UL については SC-FDMA で、かつ UE 個別通信しかないことから 1PRB 単位のリソースマッピングとなりますが、それ以外の設定については自由度が高いため、以下は一般的な設定です。変則的に PRACH を中央に割り振ったり、PUCCH を両端に割り振らなかったりすることができます。

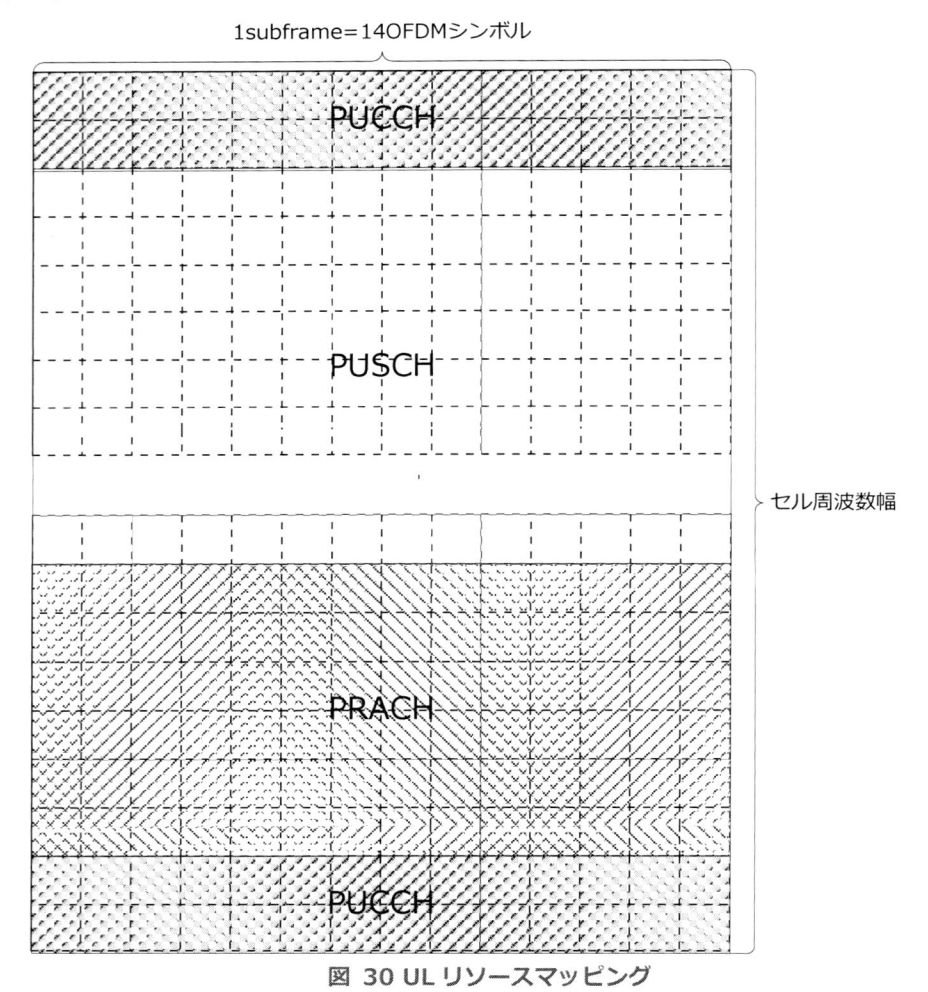

図 30 UL リソースマッピング

34

3.7 レイヤー間インターフェース

　LTE の仕様は基本的にはインターフェース仕様となっています。インターフェース仕様と言うのはどんな内容のデータをやり取りしたらどういった応答が期待できるといった内容であり、インターフェースに影響を与えない内部の動作については規定されていません。このインターフェースに影響を与えないと言うのは重要な内容で、言い換えれば相手ノードの動作に悪影響を与えることがなければ任意の実装が可能です。シーケンス動作の例で言えば、eNB が UE に対して RRC Connection Reconfiguration メッセージで HO を指示すると UE は HO をしなければならないというような規定はありますが、どういった場合に HO させるべきかという事柄はベンダーの実装に任されています。もちろん、様々な用途で HO が使えるように設計がなされています。RF 受信処理の例で言えば、他セルからの Reference Signal の干渉を除去する処理を独自に盛り込んでも UE としての RF 性能の仕様さえ守っていれば問題がないわけです。(この動作をサポートするため、LTE 仕様にも機能が一部取り込まれています)

　脇道にそれてしまいましたが、レイヤー間のインターフェースについて再度説明します。以下は DL の各レイヤーの構成で PDCP/RLC ではデータは Radio Bearer 単位で扱われ処理がされます。また、見ての通り UE 個別でない共通データである System Information や Paging、あるいは他の RACH Response のような共通的なメッセージは PDCP/RLC で処理されません(PDCP/RLC では TM モードとして処理されます)。次に MAC では上位レイヤーに対して Logical Channel を提供し、上位レイヤーから来た UE 個別のデータを纏めて一つ(または二つの)の Transport Block にし、それを Physical レイヤーが提供する Transport チャンネルである DL SCH で送信する内容として通知します。また、UE 個別でないデータはそれぞれ一つの Transport Block、あるいは専用チャンネル送信として Physical レイヤーの Transport チャンネル経由で渡されます。また、RRC は RRC メッセージのやりとりで各レイヤーのパラメータ設定をするところから、各レイヤーに対して設定情報を通知すると言った役目もあります。

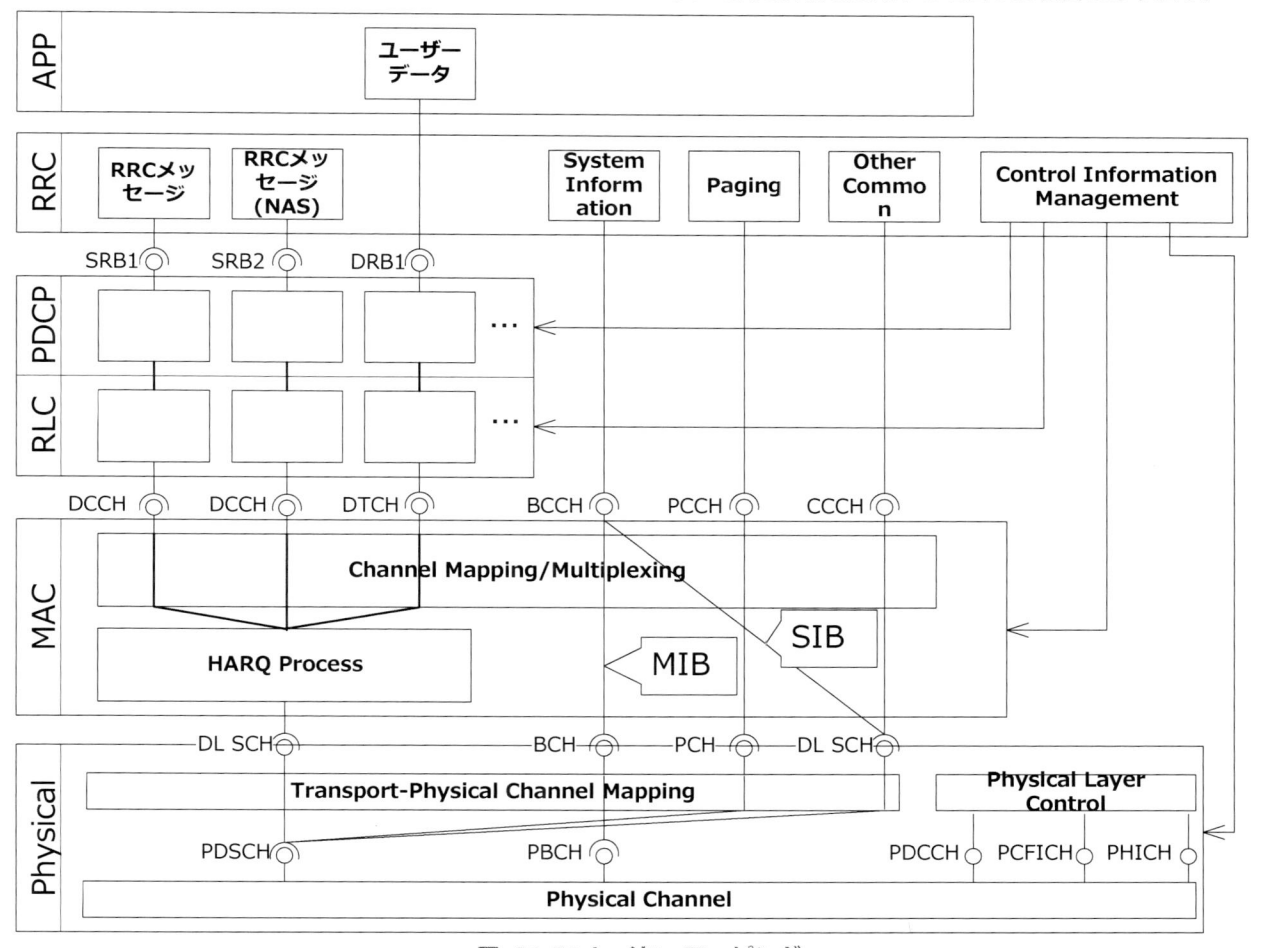

図 31 DL レイヤーマッピング

　また、図には書ききれていませんが、各レイヤーは自身のレイヤーのコントロール情報を自律的に載せるため、UE 個別の送信のフローには各レイヤーの制御情報も載せられてきます。もちろん、複数の UE が同時に DL 通信することが可能なため、DL 送信側である eNB は UE 個別のエンティティを複数並列に持つ扱いとなります。

次に UL 側を見てみましょう。UL 側は UE 個別のスケジューリングのみとなることや、スケジューリングの管理は eNB から DL で通知されることもあってかなり簡略になっています。ただし、UL についてはこの図に載って来ない関連性があり、それを説明する必要がありますが、他の説明をした後の方が説明し易いので後の章で説明します。

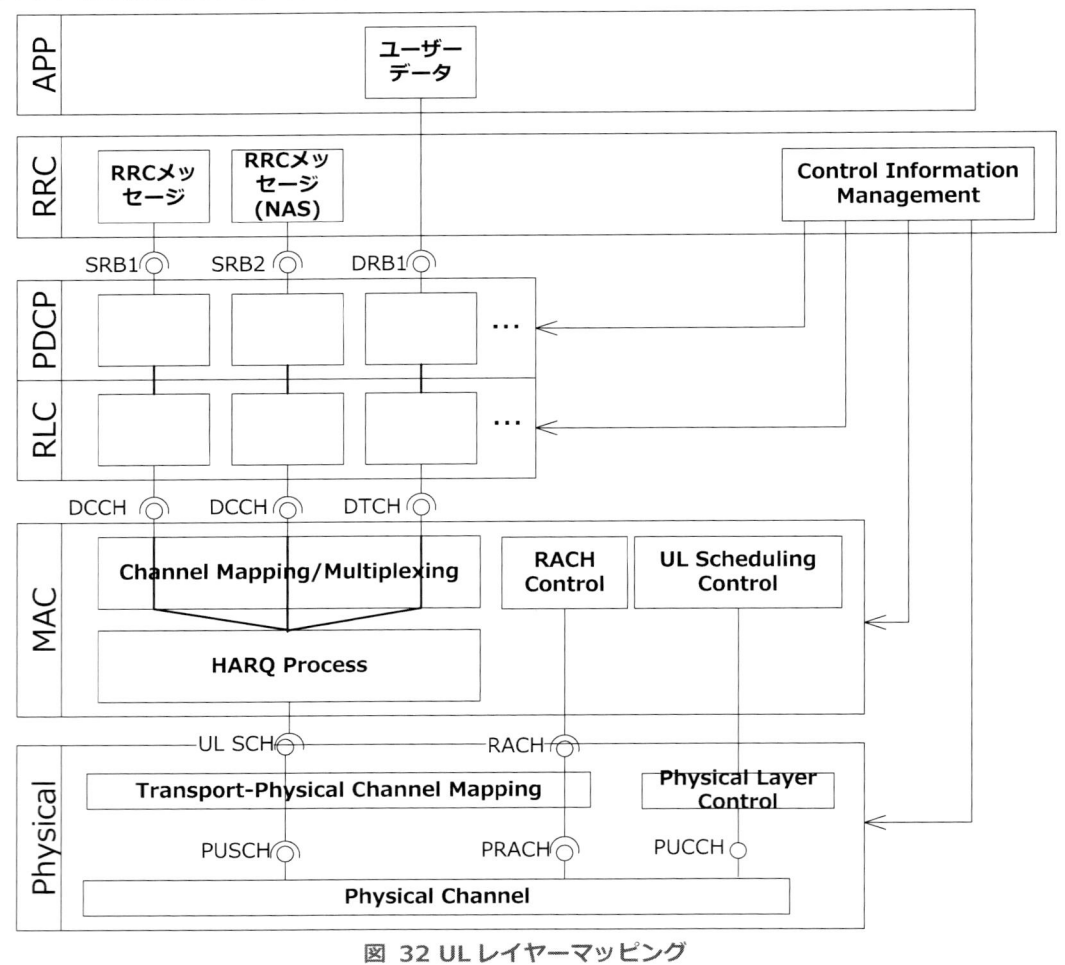

図 32 UL レイヤーマッピング

4　無線通信の基本

この章では無線通信の基本的な概念を説明します。これを説明しないと CAT-M の設計でなぜカバレッジを伸ばすことができるのかといったことや、スループットはどうやって決まるのかといった概念が理解できなくなります。

4.1　SINR と通信容量(マッチ棒マーキングの例)

無線通信の基本を説明する上でマッチ棒に線を引いて情報を記憶する例が用いられることがあるので、その慣例に倣って説明します。まず一本のマッチ棒に 0 か 1 かを記憶することを考えます。マッチ棒の頭の方に線が入っていたら 1、マッチ棒の足の方に線が入っていたら 0 とします。以下の図では左側が 1 のマッチ棒、右側が 0 のマッチ棒となります。※:無線通信では線なしに対応する方式を取ることが少ないため、線あり、線なしで 0,1 としていません。LTE でも一部ありますが、例外的です。

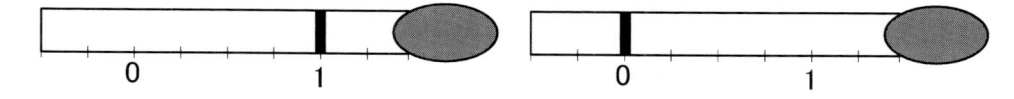

図 33 マッチ棒 1bit 記憶

今度は一本のマッチ棒に 00,01,10,11 の 4 つを記憶することを考えます。同様にしてそれぞれ 00,01,10,11 のマッチ棒が以下となります。

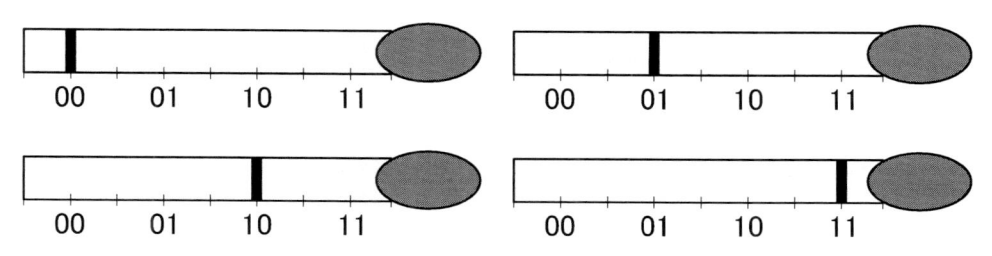

図 34 マッチ棒 2bit 記憶

こうして考えていくと、一本のマッチ棒にいくらでもデータを書き込むことができます。しかし、手でマッチ棒にペンで線を書き入れることを考えてみて下さい。手が震えて位置が微妙にずれるかもしれませんし、あるいはペンで描いた線の太さは 0.5mm ぐらいあるため、どんなに細かく描いても限界があります。8 桁として実際には描いた線が 00000000 を示すのか 00000001 を示すのかを判断するのは困難となります。では判断できる基準を細かく見ていきましょう。以下の図を見て下さい。0,1 を書き込んだ場合、0 と判断できるのは左の矢印の範囲となり、1 と判断できるのは右の矢印の範囲となります。

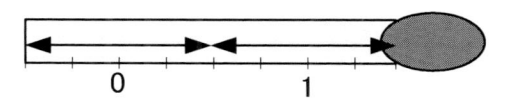

図 35 マッチ棒 1bit 記憶時の許容誤差

次に 00,01,10,11 を意味する線を書き込んだ場合、00 と判断できるのは一番左の矢印の範囲となり、01 と判断できるのは二番目の矢印の範囲となり、10,11 もそれぞれの矢印の範囲となります。

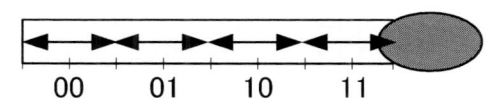

図 36 マッチ棒 2bit 記憶時の許容誤差

上記の 2 つの例を見てわかるように書き込むデータ量が増えれば増えるほど、許容されるズレが小さくなっていることがわかります。また細かく見ていくとデータ量が 1bit 増えるごとに許容されるズレは半分になっていくことがわかります。無線通信でも事情は同様で周波数 x 時間(これが無線通信でのマッチ棒に相当します)あたりのデータ量を増やすと許容されるズレの範囲が半分になっていきます。

無線通信ではこのズレの指標値をSINR(Signal to Interfference plus Noise Ratio)と呼び、その値に応じて周波数x時間あたりに載せられるデータ量が決まります。マッチ棒の例と同様で載せられるデータ量以上のデータを載せようとした場合は、データが判断できなくなります。つまり、無線通信では送信側で載せたデータを受信側でデコードできなくなります。

　このSINRは名前の通りSignal=信号成分(マッチ棒で言えば、マッチ棒に当てている定規)とInterference=干渉、Noise=ノイズ成分(マッチ棒で言えば、手ブレとインクの太さ)の比率を示しており、通常は対数(dB単位)で表現されます。このdBは次の様に計算して求められます。

$$SINR[dB] = 10 \times \log_{10}(SINR[比率])$$
$$SINR[比率] = 10^{(SINR[dB]/10)}$$

　さて、ここで干渉・ノイズがなければSINR=∞になってしまうではないかと思うかもしれませんが、自然界には熱雑音(ノイズ)が存在するため実際にはSINRが∞になることはありません。

　無線通信はこういった形で実現されており、マッチ棒に線をつけて相手に渡しているのと根本的には大差ありません。また、ここまでSINRが高ければ単位リソース(周波数x時間)あたりに載せられるデータ量が増えるという説明でしたが、このデータ量の最大値については情報理論で確立されており、以下の式の通りになります。

$$Capacity[単位時間あたり送れるデータ量\ bit/sec] = Bandwidth[Hz] \times \log_2(1+SINR[比率])$$

　各無線通信はこの情報理論でのデータ量の最大値を目標にして設計されています。または後の章で見ていきますが、この情報理論の範囲外の部分を賢く設計することによって、一見するとこの理論を超えたCapacityをもたせることに成功しています。

4.2 変調方式

　*4.1.SINRと通信容量(マッチ棒マーキングの例)*で見たとおりにSINRが高ければ単位リソースで送れるデータ量が増えます。そのことを直接的に実現させるのがデータの変調(Modulation)です。通常の変調はベースとなるSine波またはCosine波に特定の操作を加えて実施します。ラジオで馴染みがあると思いますが、周波数によって変調するFMと振幅によって変調するAMなどがあります。以下はデジタル通信でのFMとAMの一例です。(特徴を示すだけです。実際には単純なFMやAMは電力効率が悪くなるので、様々な工夫がなされています。)

単純なAMの場合で0を振幅低、1を振幅大に割り振った場合は次の様になります。

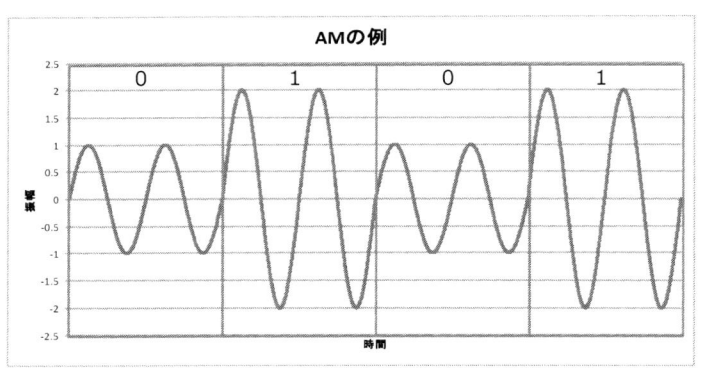

図 37 デジタル AM 変調の例

次に0を低い周波数に、1を高い周波数に割り当てた場合のFMは次の様になります。

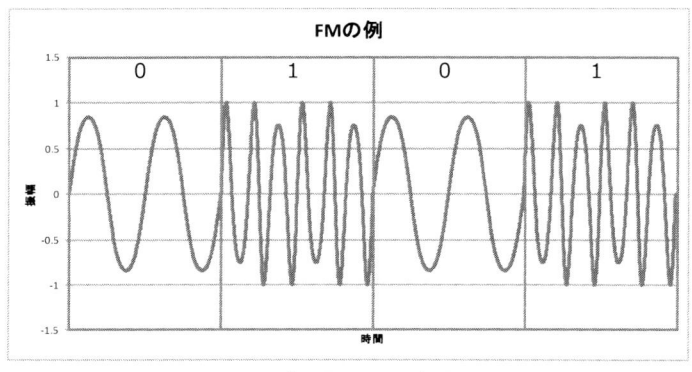

図 38 デジタル FM 変調の例

　AM と FM を単純に用いた場合は高速処理や実装の容易性、容量の観点で不利になるため、LTE では位相を切り替える PSK(Phase Shift Keying)と振幅によって変調する AM を用いています。(送信有無で切り替える On-Off Keying も一部例外的に用います)。

　以下は PSK の一種で LTE の通信にて様々なところで使われている QPSK(Quadrature Phase Shift Keying)の例で 4 つの位相シフトのパターンを持つ変調方式になります。4 つのパターンを表現できるため、一回の変調で送れるデータ量は 2bit となります。また、このパターンのことをシンボルと呼んだりします。

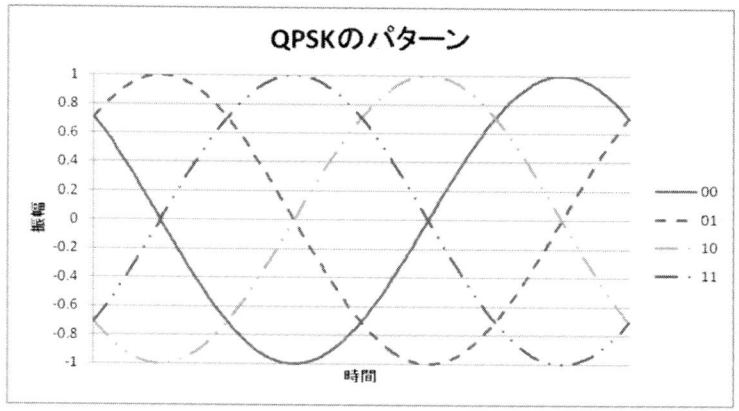

図 39 QPSK パターン

　また、デジタル変調方式は I/Q 平面で表現されることが多いです。I/Q 平面というのは Inphase 信号(未変調のベース信号)と Quadrature 信号(Inphase 信号に位相が直交する信号)が成す平面です。LTE では I=Cosine 波、Q=Sine 波(ただし 180°シフト)を用いていますので I/Q 平面は Cosine 波の位相、振幅と対応する形式になっています。グラフでの 00 は Cosine(ωt+45°)になっていることがわかるかと思います。QPSK は 00,01,10,11 の各シンボルで振幅に変化がないため、受信信号の強さの推定のずれに対して頑強になっています。そのため、QPSK 送信は電力ブーストと相性が良かったりします。また、シンボル間の間隔が次に説明する QAM のパターンと比較して広いため、比較的 SINR が低くてもデコード成功率が高くなります。

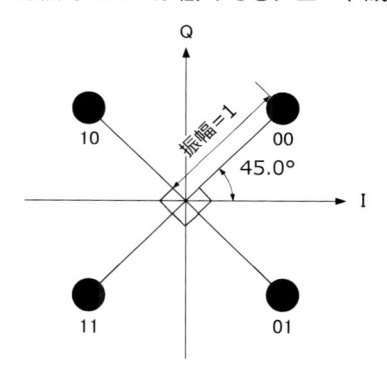

図 40 QPSK の IQ 平面

　次に 16QAM(16 Quadrature Amplitude Modulation)を見てみます。これは PSK と AM を組み合わせた変調方式で 16 パターンがあります。そのため、一回の変調で 4bit を送信することが可能です。シンボルは以下の様に碁盤目上に配置されており、それぞれの上下左右の最近接シンボル間の間隔が一定になるように設計されています。また、結果的に振幅のパターンは 3 パターンとなっています。

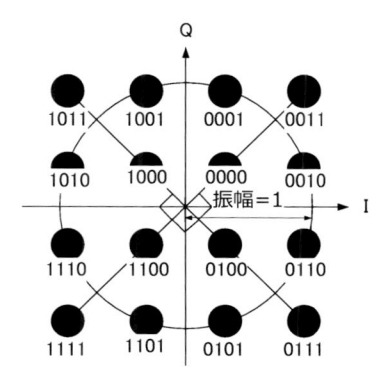

図 41 16QAM の IQ 平面

LTE ではこの他に 64QAM と 256QAM があり、それぞれ一回の変調で 6bit、8bit 送信することが可能となっています。16QAM と同様にシンボルは碁盤目上に配置されているため、詳細は説明しません。

4.1.SINR と通信容量(マッチ棒マーキングの例) で見てきたとおり、単位リソースあたりに送れるデータ量は SINR に依存すると説明してきましたが、一見すると単純にこの変調を短い時間に何度も繰り返せば大量のデータが送れるように見えます。しかし、実際には一般的に変調をすると使用される周波数帯域が増えます。また、短い時間に変調の回数を増やせば増やすほど、周波数帯域が広がります。つまり、以下の式の Bandwidth を増やした扱いとなります。

$$Capacity[単位時間あたり送れるデータ量 \ bit/sec] = Bandwidth[Hz] \times \log_2(1+SINR[比率])$$

LTE ではこの周波数帯域と時間あたりの変調の回数を OFDM ベースで設計しており、一つのサブキャリアーを 15kHz、変調ごとの時間単位(OFDM シンボルと呼ぶ)を 1.0 / 15kHz + α(Cyclic Prefix 向け)とするようにしています。

4.3 誤り訂正符号による部分的なエラー耐性確保とレートマッチング

ここまでで変調方式を選択することによって一回の変調で送れるビット数が切り替えられることがわかりました。しかし、もう一度情報理論の式を見てみましょう。Capacity は SINR に応じて連続的に表現され、変調のような 2bit,4bit,6bit,8bit のような離散的な値ではありません。

$$Capacity[単位時間あたり送れるデータ量 \ bit/sec] = Bandwidth[Hz] \times \log_2(1+SINR[比率])$$

もし変調だけで SINR に応じて調整しようとした場合は 16QAM の 4bit 送信では大きすぎるが、QPSK の 2bit 送信では小さすぎるというような事態が容易に発生して効率的ではありません。また、ここまででは触れてきませんでしたが、周波数帯域と時間に依存して特定の通信のデータだけデコードに失敗してしまうケースがあります。そうした場合に一部が受信できないだけで、その受信データ全てを捨ててしまうのは無駄が大きすぎます。それらを解決するために無線通信方式では誤り訂正符号を用いて、以下の機能を提供しています。

- 一部のデータの誤りを修正し、誤り率が一定以下であればデコード可能とする。
- 一部の冗長データを追加、削除することによってレートを調整して理論値の限界 Capacity に近づける。

まずは一つ目の一部のデータの誤りを修正し、多少の誤りでも受信成功とすることを考えます。LTE の例で言えば、12 サブキャリアー(15kHz x 12) X 14 OFDM シンボルを一つのリソース単位として DL/UL で送受信をし、1 サブサブキャリアー x 1OFDM シンボルで 1 回の変調をします。例えば、QPSK の場合は 336bit=12 x 14 x 2 載せることができ、以下の図の黒いマスだけ失敗したとします。こうした部分的な失敗については載せるデータに誤り訂正符号を用いることによって訂正が可能です。以下の場合は 0.5%以下の失敗率となっているため、誤り訂正符号化を使って修正するだけでかなり無駄が減ることがわかるかと思います。

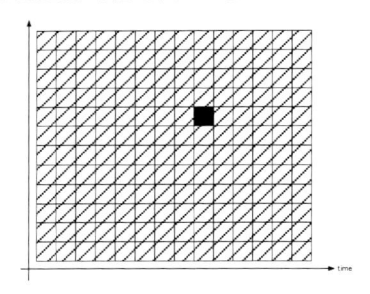

図 42 誤り訂正符号の効果の例

また、この誤り訂正符号は理論値限界 Capacity に近づけるためにも使用できます。LTE ではこの誤り訂正符号にターボコーディングと畳み込みコーディングを用いており、ターボコーディングは 1/3 のレートの誤り訂正符号になっています。これはどういうことかというと入力データ 1bit に対して、メインとなる出力が 1bit(システマティックビット)、パリティ向けの出力が 2bit(パリティビット)出力されます。入力 1、出力 3 のため、1/3 レートと呼ぶわけです。ターボコードは一部のデータを削除してもデコードできる性質を持つため、データを省略することによってレート調整をすることが可能になります。この対象の SINR に対する理想レートに近づける動作をレートマッチングと呼びます。

また、再送についてはこの誤り訂正符号のデータの削り方を変えて送信したほうが効率的な場合が多いため、LTE では HARQ 再送の際に誤り訂正符号の削り方のパターン変えて送信できるようになっており、そのパターンのことを RV(Redundancy Version)と呼びます。このパターンは 4 パターンあり、それぞれ rv0,1,2,3 という名前がつけられています。

4.4 統計的デコード

再度情報理論を振り返ってみると、SINR が 0 以上で 1 以下、つまりノイズの方が信号成分より大きい場合についてもデータの送受信が可能であるという式になっています。

Capacity[単位時間あたり送れるデータ量 bit/sec] = Bandwidth[Hz] x $\log_2(1+\text{SINR}[比率])$

これはどういうことかというと、誤り訂正符号を用いた重複データ送信を統計的にデコードすることによって可能となります。具体的には SINR が低い状態で QPSK(00,01,10,11 の変調)を使って 00 のデータを 1000 回送信したとしましょう。以下はノイズについては完全ランダムと仮定し(0～1 の均等分布＝平均値 0.5)、SINR=-10dB(信号は 0.05)で単純に乱数を 00,01,10,11 向けにサンプリング計算して、00,01,10,11 のうちで一番高い値を持った回数をサンプリングしたものになります。信号成分が入っている 00 の割合が僅かに高いことがわかります。このように同じデータを何度も送信することと、CRC+誤り訂正符号を用いて補正することによって SINR が低い場合も低い Capacity で通信することは可能となります。(デコード失敗のデータが大半を占めるが、統計的には成功のデータの比率が一番高い。以下のグラフでは 00 の比率が一番高い)

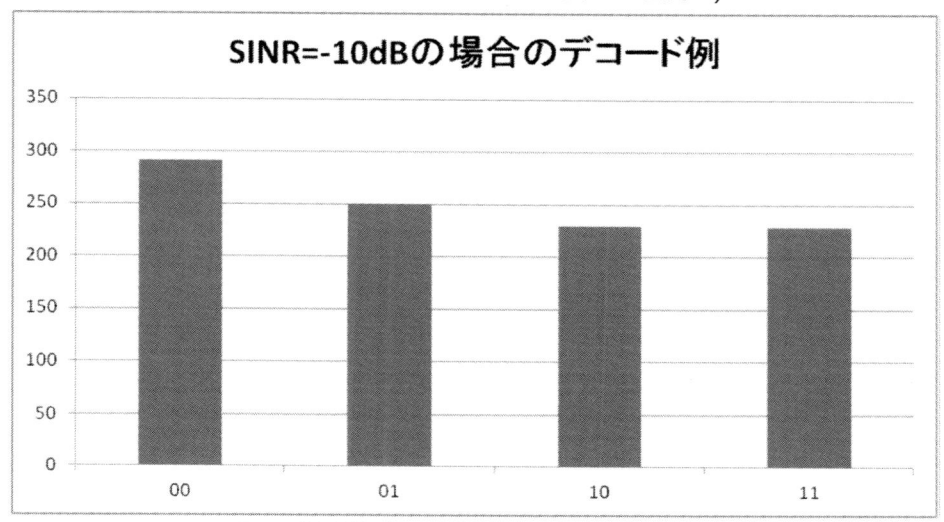

図 43 統計的デコードの例(SINR=-10dB)

一方、Capacity/スループットの劣化は極端です。SINR=0dB で同じように送信したケースをサンプリングしてみると、次のグラフの様に 7 割以上が成功しており、その差は歴然としています。

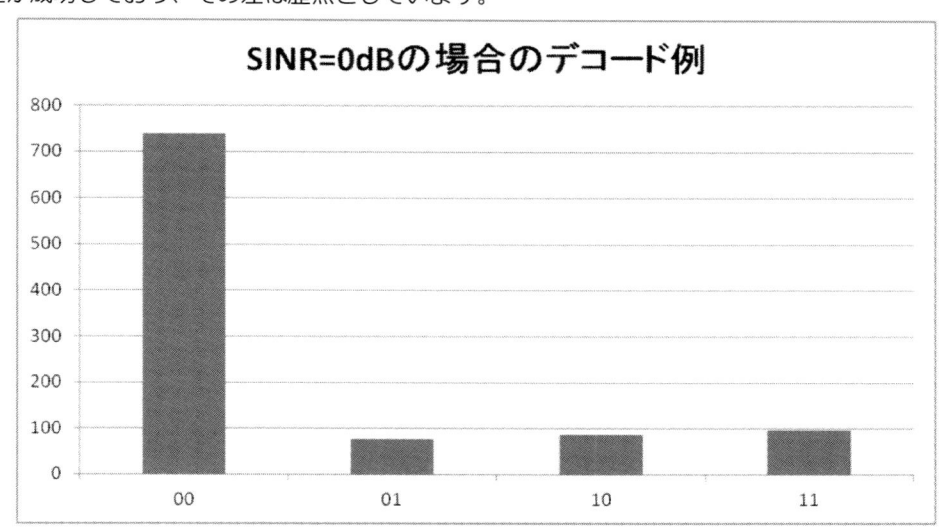

図 44 統計的デコードの例(SINR=0dB)

LTE では誤り訂正符号、HARQ 再送でもともとこうした考え方を用いて、低い SINR でも通信を継続できるようにしていました。CAT-M ではその考え方を発展させ Repetition という考え方でとにかく連続して何度も送れば、統計的なデコードが可能となり、低い SINR でも通信が継続できる事を期待した仕組みを用いています。

4.5 複数セル・MIMO

　次に情報理論の式に再度立ち返ってみましょう。この式の意味を改めて説明すると、転送経路ごとにこの式が成り立ちます。例えば、有線通信でもこの式は有効となりますが、通信する信号線の本数を 2 倍にすれば単位時間に送れるデータ量は 2 倍になることが直感的にわかると思います。

$$\text{Capacity[単位時間あたり送れるデータ量 bit/sec]} = \text{Bandwidth[Hz]} \times \log_2(1+\text{SINR[比率]})$$

　次の図を見て下さい。これは Gigabit Ethernet の 1000Base-T 方式の通信の仕方です。例として送受信ノードは PC としています。このツイストペアケーブルを使った方式の Ethernet ではその名の通り二重撚り線のケーブルを一対として、4 対のペアを並行して通信させています。単純に 4 対あるから 4 倍の速度が達成できていることがわかります。有線通信では通常、ケーブル間の干渉は無視できるため、このようにして信号線の本数を増やせば増やすほど単位時間あたりに送れるデータ量を増やすことができます。※:干渉が無視できない場合はシールド付きのケーブルが用いられ、通常の環境下において一定以上の SINR が常に維持されます。

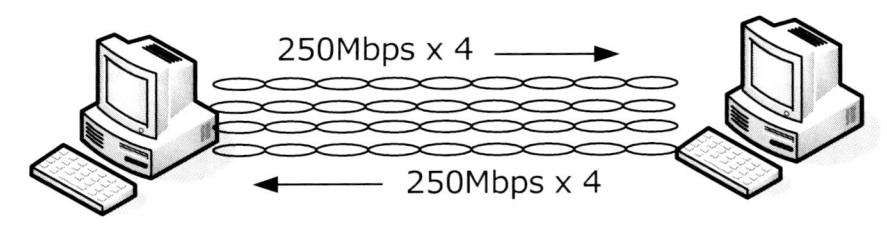

図 45 1000Base-T の並列通信の例

　無線通信で信号線に相当するものでまず思い浮かぶのはセルだと思います。セルを増やせば単純に容量が増える。シンプルなメカニズムです。もちろん、セル同士が干渉しあうため、セル間の距離を考慮しないと SINR は劣化しますが正しく設計される限り容量は増加します。それに対して、通常は送信⇔受信のペア間で仮想的に複数の信号線をつなぐことを考えるのが MIMO(Multi Input Multi Output)です。MIMO に対しては複数の種類があり、複数ユーザーでリソースを共有する Beamforming またはマルチポイント送信を用いた Multi-User MIMO、一人のユーザーのスループットを高める Single-User MIMO、またはそれらの組み合わせがあります。どの方式でも基本的には複数のアンテナ(またはアンテナ素子)のペアごとに通信を切り替えることによって、実現されます。

　以下の図を見て下さい。理想的な Single-User MIMO のケースは次の様にアンテナペア間で完全に分離されている状況になります。実際にはこんな理想的な状態にはなりませんが、理屈上はこういった動作をしています。

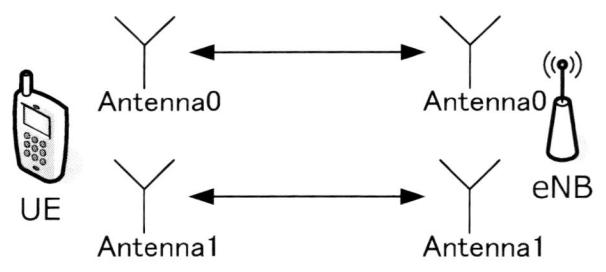

図 46 理想 MIMO 通信状況の例

5 LTE の代表的な手順

3.*LTE の各種プロトコルの概要*で各プロトコルの概要の説明をしました。ここでは実際のその機能がどういった手順で実施されているかを見ていきます。まずは基本的な電源 ON から Attach・PDN Conneciton/EPS Beaerer 確立を実施して、通信可能かつ着信可能な状態になるまでの動作を整理します。電源 ON から Attach 手順は各レイヤーの主だった手順がほとんど載ってくることと、各レイヤーで連携して動作しているため、以下の通りとても複雑で長いですがひとつずつ手順を整理します。次に通常の発信・着信手順、HO 手順を示します。また、TAC が変わった際の Tracking Area Update 手順を説明し、最後に Physical レイヤーの各種手順を示します。

また、ここでは UE と eNB 間のやり取りに注目して説明をします。と言うのは Legacy LTE と CAT-M で EPC 側にももちろん差分はありますが、その量は少なく、本書の目的から外れるためです。以下のシーケンスでは NAS の手順と RRC の手順が混在していますが、まずは RRC の手順をおおよそ一通り説明してから、NAS の手順を説明します。NAS メッセージは RRC メッセージに載せて運ばれるため、以下のシーケンスでは(〜)が NAS メッセージに対応しています。

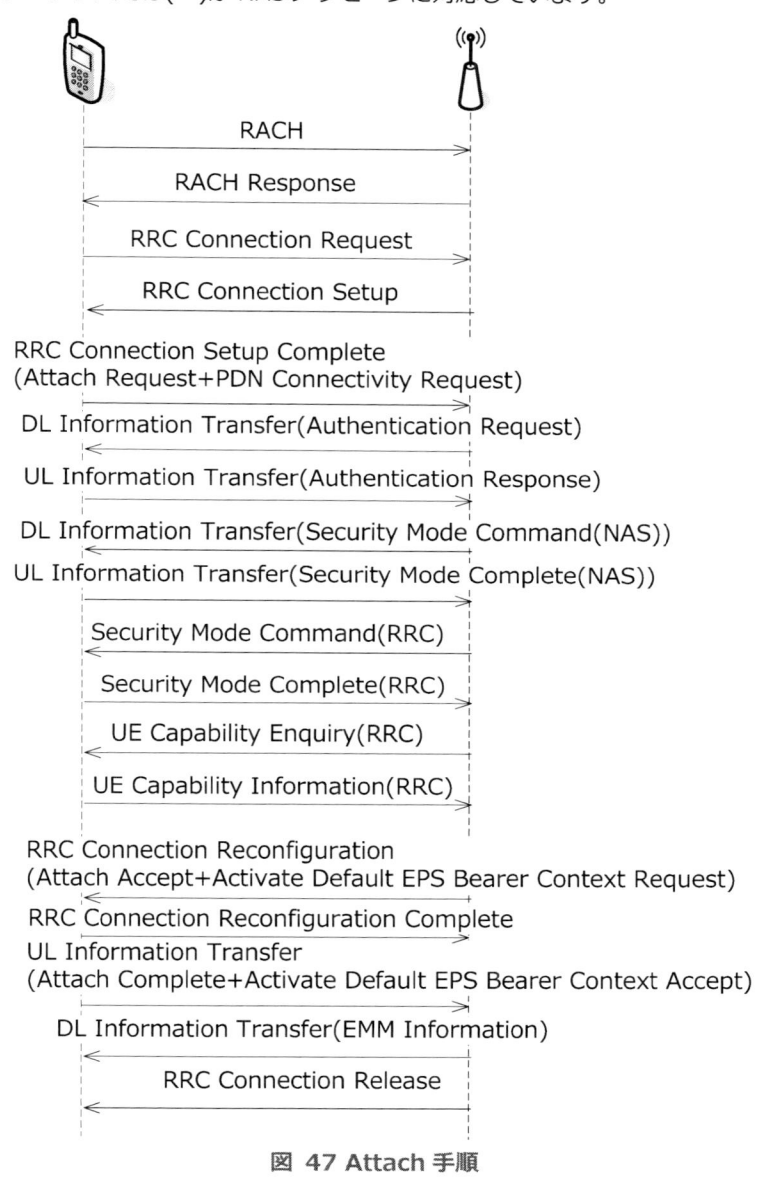

図 47 Attach 手順

5.1 電源 ON〜Attach

5.1.1　セル選択 1(周波数選択・セル同期)

電源 ON された UE はまず周波数を選択しようとします。基本的には前回選択した周波数を選択しますが、それが見つからなかった場合は UE が対応している周波数をサーチします。このどの順序で周波数をサーチするか、どれだけサーチしたら諦めるかと

言った動作については UE 依存となります。また、以降の手順で選択した周波数で期待するセルが見つからなかった場合はもう一度この周波数選択からやり直します。

この周波数サーチというのは実装依存の部分が強いですが、まずは対象の DL 周波数に電力があるかを確認します。(LTE のシステムとしては常に Reference Signal などの DL 送信がなされているため、対象の帯域を受信すれば電力を検知することができます)。

次に PSS/SSS という同期向けの信号を受信します。もちろん、複数のセルが隣り合っていて、複数のセルの DL 信号を受信するのが通常の運用のため、PSS/SSS は隣り合うセル同士で異なるパターンを用います。このパターンの組み合わせを PCI(Physical Cell Id)と呼び Physical レイヤーでのセルの識別子となります。具体的には PSS は 3 パターン、SSS は 168 パターンありますので、3x168 で 504 パターンを取ることが可能です。そのため、PCI は 0〜503 までの値を取ります。

次に PBCH(MIB が載ってくるチャンネル)を読み取り、Frame の先頭位置、SFN、使用されている周波数幅を取得します。この動作によって UE はそのセルの DL タイミングに同期が取れ、DL メッセージを受信できる状況となります。

これらの PSS/SSS/PBCH は周波数幅設定に依存せず受信できる必要が有るため、LTE で使用可能な最小周波数帯域幅である 1.4MHz の subcarrier 数に一致するように設計されており、対象の周波数の中央 1.4MHz の 72subcarrier で送信されます。(LTE はオペレーターが保持している周波数幅に柔軟に対応できるようになっており、2G/3G からの移行向けに 1.4MHz の周波数帯域幅にも対応している。)

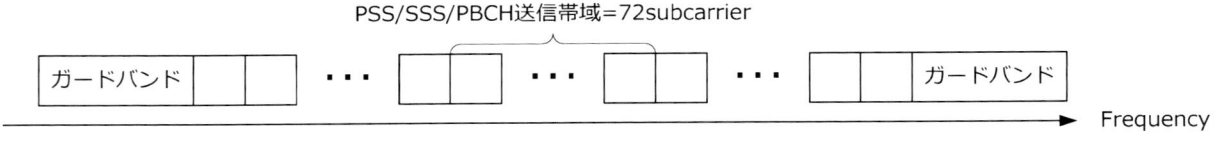

図 48 PSS/SSS/PBCH の周波数配置

また、PBCH は Frame 先頭の subframe0 の一部の OFDM シンボル、PSS/SSS は subframe0 と Frame の真ん中の subframe5 のそれぞれ 1OFDM シンボルで送信されるため、UE は PBCH を受信することで Frame 先頭の subframe0 のタイミングがわかることになります。FDD LTE は時刻同期が前提となったシステムではないため、GPS 情報などで絶対時刻を用いて Frame 先頭位置のタイミング合わせすることができないためです。

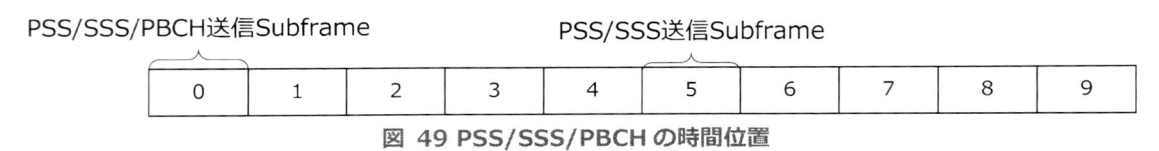

図 49 PSS/SSS/PBCH の時間位置

5.1.2 セル選択 2(ブロードキャスト情報の受信 1:オペレーター、規制、圏内閾値判定)

前の手順でセルとの DL 同期ができたため、これで SIB 情報を取得することが可能となります。このタイミングではどのオペレーターが運用する情報かと、セルの規制状態、圏内閾値の情報を取得するのと、該当セルの RSRP を算出し、そのセルが適切なセルかどうかの判定をします。

表 7 セル選択で使用するブロードキャスト情報

	取得元	意味
オペレーター情報	SIB1	該当のセルが期待するオペレーターのセルかを判断するための情報を取得する。具体的には SIM に書かれている HPLMN、EPLMN(SIM を配布しているオペレーターの NW)であることを MCC/MNC から確認する ※：ローミングのケースはここでは説明しません。
セル規制状態	SIB1	工事中規制、オペレーター予約規制の二つの状態を確認する。工事中規制は全くアクセスできず、オペレーター予約設定になっている場合は SIM の Access Class(SIM の用途)が特別な値でない限りアクセスできない。
圏内閾値	SIB1	そのセルを圏内として扱って良い RSRP と RSRQ の閾値が通知されているため、その値と UE 自身が測定した RSRP/RSRQ の値を見て、圏内とみなして良いかを判断する。

5.1.3 　共通設定情報受信(ブロードキャスト情報の受信 2)

　前の手順でセルにアクセスしても良いことが確認できたため、今度はセルにアクセスするために共通設定情報を SIB2 から読み出します。SIB2 が送信されるタイミングは SIB1 で通知されるため、それを元にして SIB2 を受信します。SIB2 で送信されている内容は多岐にわたりますが、ここで気にすべき内容は各種 Physical チャンネルの共通設定と%規制情報が通知されていることです。SIB1 で通知されているセル規制情報はすべての UE に適用される規制となっていますが、SIB2 は一定の割合の負荷を下げるため、UE 側でランダムに指定された%だけアクセスを控えるというような規制情報が通知されています。また、Physical チャンネルの共通設定は UE 個別に指示する必要のないセル共通の設定でこの後の手順で共通的に使用されます。(UE 個別の設定はこの後の RRC メッセージで UE に対して指示されます)

5.1.4 　RACH 手順

　前の手順で既に UE は DL タイミングの同期を取っており、DL の受信は可能になっていますが、UL のタイミングについてはまだ eNB で取れていません。これは eNB 側では常に DL 送信をしており、その信号を元に UE は DL タイミングの同期を取れるのに対して、UE は常に UL 送信しているわけではないためです。また、前の章で見たとおり LTE の通信は Cyclic Prefix 以上のタイミングのずれを許容しません。また、複数の UE が任意のタイミングで送信してしまうと、以下の図のように同じセル内で違ったリソースを割り当てた二つの UE の UL subframe 間で干渉してしまうため、UL タイミングの同期なしに UL 送受信はできません。更に eNB は自身の送受信に関して、自身でリソース割当が可能ですが、UE 側はそうでなく、すべてのリソース割当は eNB からでないと割り当てができません。

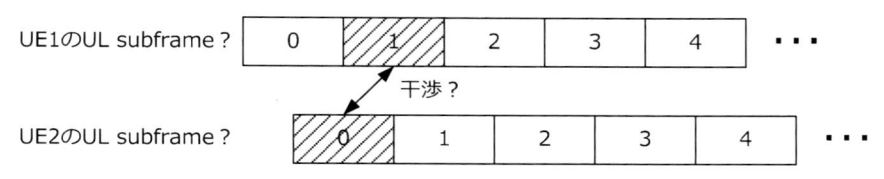

図 50 UL タイミング同期なしの例

　こうした事情があるため、LTE では RRC_Idle から RRC_Connected に状態遷移する際に使用する全 UE 共通の UL リソースを割り付けており、それを RACH と呼びます。つまり、RACH の目的としては UE 個別のリソース割当の開始をする、UL タイミング同期を図るという 2 点になります。この RACH だけは非同期送信となり、タイミングがずれているため、UL の subframe タイミングに沿っていません。また、この RACH はタイミング同期をするためにだけに送信されますが、eNB からすると Idle 中の複数の UE が同時に送信してくる可能性があり、その衝突を避けるため複数の信号パターンを用意しており RACH Preamble ID と呼びます。また、RRC_Connected 状態の UE が HO してくる際にもこの RACH 手順を実施して UL 同期をするため、HO 向けの RACH Preamble ID を予約しておき、Idle 向けの ID と分けて運用します。さらに、隣のセルで使うリソースと分けるための仕組みがあります。具体的には RACH 信号生成のためのソース ID となる RSI(Root Sequence Index)と RACH 信号再利用のためののようなサイクリックシフト(ベースの RACH 信号を時間方向にずらすシフト)があり、隣り合ったセルではそれらが重複しないように割り当てるようになっています。

　さて、RACH は UL の subframe タイミングに沿っていないという説明をしましたがどのタイミングに合わせて送信するのかというと、DL の subframe のタイミングに合わせて送信され、かつ UL タイミングとずれているのが前提となるため他の UL 送信とぶつからないための余裕をもたせた設計となっています。セル半径に応じた設定値に依存しますが、最短では 1 UL subframe 文の長さ、最長のケースでは 3 つの UL subframe 分の長さを RACH に対して確保します。これはセル半径が大きければ大きいほど、UE が送信してから到達するまでの遅延時間が長いからです。以下の例は最短のケースの例です。最短の RACH の形式を Preamble Format0 と呼び、1Subframe の長さより約 0.1msec だけ短くなっており、その分の遅延を許容します。光速を用いて距離換算すると約 29km となります。

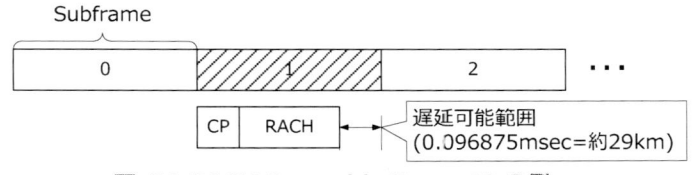

図 51 RACH Preamble Format0 の例

DL の subframe のタイミングに沿って RACH が送信されると説明しましたが、それによって DL の遅延時間と UL の遅延時間両方を足し合わせた時間、つまり往復の遅延時間が上記の図の遅延可能範囲となります。そのため、実際に対応可能なセルの半径は29km ではなく、その半分の 14.5km 程度になります。(実際は CP があるため、受信処理の実装によっては 14.5km 以上も対応可能です。しかし、RACH 向けに割り当てたリソースの範囲を超えてしまって、他 Subframe への干渉になるため、効果的な設計ではありません)

以下の図の通り eNB では UL 受信タイミングのずれはα + βとして検出されます。そのため、eNB は RACH を用いてそのずれのα +βを算出し、その値を UE に通知します。UE はその通知された値分だけ、DL Subframe のタイミングより早く送信することでα +βを相殺することが可能になっています。この通知される値を TA(Timing Advance)と呼び、通知するコントロール情報を TAC(Timing Advance Command)と呼びます。

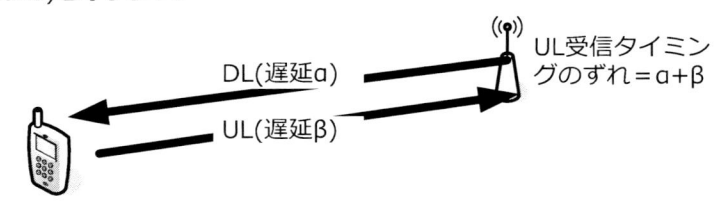

DL(遅延α)
UL(遅延β)
UL受信タイミングのずれ＝α+β

図 52 UL タイミングと eNB⇔UE 間の Round Trip Time

また、周波数幅は PSS/SSS/PBCH と同様に LTE の最小周波数帯域幅である 1.4MHz に対応させるため、6PRB で送信されます。ここまで出てきた RACH の設定(RACH の Preamble Format、RACH に割り当てられた Subframe、RACH に割り当てられた周波数帯、RSI、サイクリックシフト)は UE 個別のものではなく、セル共通のものになるため、SIB2 で指定されます。

次に RACH を送信した後の手順を見てみます。"HO 向けの RACH Preamble ID を予約しておき、Idle 向けの ID と分けて運用します"と説明しましたが、その場合はこの手順が変わってきますので、ここでは RRC_Idle から RRC_Connected 状態に遷移する場合の RACH 手順を見てみましょう。また、RACH 手順といった場合に以下の Message1〜2 を指す場合と Message1〜4 を指す場合があるので注意して下さい。

Message1(RACH)
Message2(RACH Response)
Message3(RRC Connection Request)
Message4(Contention Resolution)

図 53 基本的な RACH 手順

それぞれ手順の意味は次の様になります。慣習的に Message1〜4 という番号を割り振ります。

表 8 RACH 手順のメッセージ

	意味
Message1(RACH)	UL タイミング同期を取るためのベースとなる RACH を eNB に送信し、eNB はそれを元に遅延時間を推定する。また、UE が接続を求めていることを検知する。
Message2(RACH Response)	eNB が受信した RACH の ID と推定した遅延時間を UE 通知し、Message3(RRC Connection Request) 送信に必要な UL リソースの割り当て(周波数位置、タイミング(6Subframe 後 or 7Subframe 後)、フォーマット)を UE に実施する。 また、UE に Physical レイヤーの UE に対する ID である C-RNTI(Cell Radio Network Temporary Identifier)を割り当てます。以後の手順では Physical レイヤー送信はこの C-RNTI を使って UE を指定します。
Message3(RRC Connection Request)	UE が自身の ID と接続理由を通知します。電源 ON の場合は NW 側から UE に ID を割り当てていませんので、ID の代わりにランダム選択の数字が送られます。そうでない場合は S-TMSI(後述する GUTI の省略フォーマットの ID)を用います。
Message4(Contention Resolution)	Message1(RACH)と Message3(RRC Connection Request)には特定 UE 個別のリソースを割り当てることができません。そのため、運が悪いと同じ Preamble ID で同じタイミングに複数の UE が Message1(RACH)を送信してしまうことがあります。そのため、この Message4(Contention Resolution)に RRC Connection Request で通知された ID を載せ、その ID の UE にだけ通信を継続させます。UE 側でもし期待する ID 以外の値を受信した場合は他 UE が選択された扱いとなり、再度 RACH 手順をやり直します。 通常はこのメッセージと後述する RRC Connection Setup を同じ Transport Block に載せます。

5.1.5 RRC Connection 確立

RACH 手順で Physical レイヤーの送受信がおおよそ可能になり、UE の状態としては次の様になっています。

- UL タイミング同期が取れている
- UE 個別の Physical レイヤー識別子の C-RNTI が割り当てられている=UE 個別の通信が可能になっている。
- PUCCH のリソース割当は実施されていない。(UL スケジューリング要求ができない。定期的な DL 品質のフィードバックを返せない)
- 通常の RRC メッセージのやりとりができない。
- 通常のユーザーデータのやりとりができない。
- RRC セキュリティコンテキストはない。
- UE の能力は不明。(まだ、仕様上のオプションとなっている項目の設定はできない。)
- セル測定は実施していない。

次の手順としては RRC Connection Setup で UE 個別の各レイヤーの設定を通知し、RRC Connection Setup Complete でそれが届いたことを確認します。RRC Connection Setup Complete にはもう一つ RRC Connection 確立の目的の NAS メッセージを載せるという目的がありますが、NAS メッセージの手順と RRC のメッセージの手順の目的は少し違いますので、NAS メッセージ側については別途説明します。

ここまでの手順では SIB2 でセル共通の設定情報のみを使用して通信していました。それに対して、RRC Connection Setup では UE 個別の PUCCH のリソースや各種レイヤーの設定、特に SRB(Signalling Radio Bearer)設定を実施することによって、次の事を可能にします。

- 以後の通常の RRC メッセージのやりとりを DCCH である SRB1 経由で可能にする。(AM RLC を用いて ARQ 再送を使った確実性のある方式で RRC メッセージの送受信を可能にする)

- PUCCH リソース割り当て。UE が UL 送信を必要とする際には Scheduling Request を送信して、リソースの割り当てを要求できる。

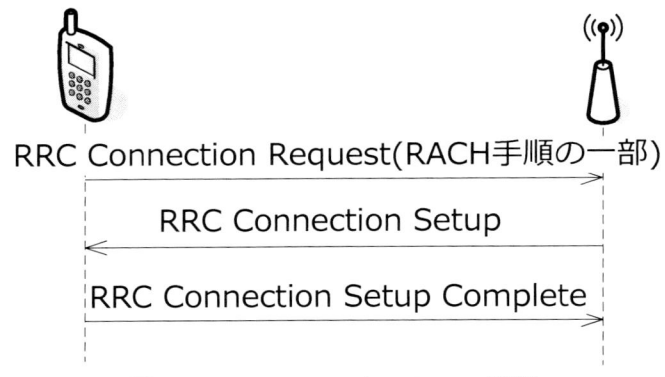

図 54 RRC Connection Setup 手順

5.1.6 RRC セキュリティ有効化

次に RRC セキュリティを有効化します。具体的には Security Mode Command(RRC)メッセージを eNB から UE に送信し、RRC メッセージ、ユーザーデータに対する秘匿・完全性保証(RRC メッセージのみ)で使用するアルゴリズムを指定します。UE はそのアルゴリズムで秘匿・完全性保証ができる準備ができたら Security Mode Complete メッセージで応答します。これ以後の通信はすべて秘匿・完全性保証がなされた状態で実施されます。

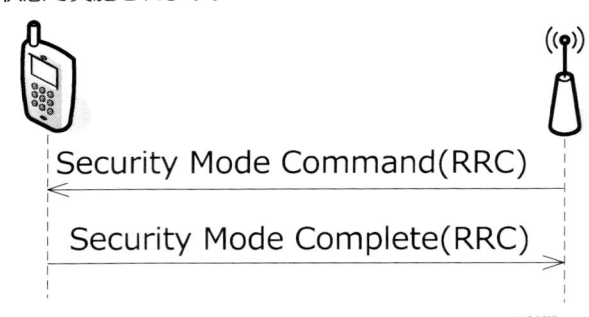

図 55 Security Mode Command(RRC)手順

ややこしいですが、NAS メッセージに対しては別のセキュリティの仕組みがあります。これは EUTRAN を複数事業者で共有できる仕様があり、RRC の区間で秘匿・完全性保証するだけでは他事業者に閲覧・改ざんされてしまう可能性があるためです。

この手順が終わると以下のような状態になります。

- UL タイミング同期が取れている
- UE 個別の Physical レイヤー識別子の C-RNTI が割り当てられている=UE 個別の通信が可能になっている。
- PUCCH のリソース割当済。(UL スケジューリング要求ができる。定期的な DL 品質のフィードバックを返せる)
- 通常の RRC メッセージのやりとりができる。
- 通常のユーザーデータのやりとりができない。
- RRC セキュリティコンテキストがある。
- UE の能力は不明。(まだ、仕様上のオプションとなっている項目の設定はできない。)
- セル測定は実施していない。

5.1.7　UE 能力取得

　次に UE の能力を取得します。この手順は既に NW 側が UE の能力を知っている場合はスキップされます。今回は電源 ON のケースについて説明しているため、通常は実施されます。(ただし、LTE の仕様としては必須というわけではありません。eNB 製品は通常オプション扱いとなっている機能を使うためにこの手順を実施するのが普通ですが、もしオプション機能を一切使わないという eNB であれば、この手順を実施する意味はありません)

　また、eNB としては知りたい情報だけ取れれば良いので UE Capability Enquiry には知りたい情報を指定することができ、UE はそれで指定された情報を UE Capability Information で通知します。

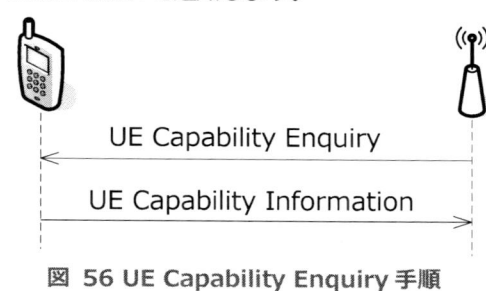

UE Capability Enquiry

UE Capability Information

図 56 UE Capability Enquiry 手順

5.1.8　DRB/SRB2 設定・Measurement 設定

　次に DRB(Data Radio Bearer)、SRB2、Measurement 設定を実施します。LTE では RRC メッセージのやりとりによる接続遅延を極力小さくするため、RRC_Idle から RRC_Connected に遷移する際に必ず実施する手順についてはこのようにかなり最適化をしています。それぞれの意味合いですが、DRB 設定はユーザーデータを運ぶための転送経路の確立でこれによってユーザーデータを送受信することが可能になります。次に SRB2 ですが、これは RRC メッセージと比較して遅延を許容できる NAS メッセージ向けの低優先 SRB になります。どういうことかというと RRC メッセージは HO の指示などがあるため、その送受信が遅れた場合は RRC Connection が切れてしまう可能性がありますが、NAS メッセージのやりとりは切れてしまう可能性がないためです。

　また、少し意味合いが違う Measurement 設定もこのタイミングで実施します。Measurement 設定は通信中のセル、周辺のセルの RF 環境を報告する条件の設定で、UE はその条件に従って Measurement Report メッセージで結果を報告します。それに基づいて HO を実施したりします。すべての設定は RRC Connection Reconfiguration で eNB から UE に通知され、UE はそれが適用できると RRC Connection Reconfiguration Complete で eNB に通知します。このように RRC Connection Reconfiguration は多目的のメッセージになっており、中身によって意味合いが異なるため注意が必要です。

　そして、このタイミングで DRB が設定できるので、ようやくユーザーデータのやり取りが可能となります。このタイミングから明示的には記載していませんが、ユーザーデータが流れています。(電源 ON のタイミングなので、スマートフォンでしたらおそらく電源 ON 直後に常駐アプリケーションが起動して、そのデータが流れていることでしょう)

RRC Connection Reconfiguration

RRC Connection Reconfiguration Complete

図 57 DRB/SRB2 設定手順

このタイミングで RRC の設定手順としては完了で以下の状態になっています。

- UL タイミング同期が取れている
- UE 個別の Physical レイヤー識別子の C-RNTI が割り当てられている=UE 個別の通信が可能になっている。
- PUCCH のリソース割当済。(UL スケジューリング要求ができる。定期的な DL 品質のフィードバックを返せる)
- 通常の RRC メッセージのやりとりができる。(NAS メッセージを低優先にできる)
- 通常のユーザーデータのやりとりができる。
- RRC セキュリティコンテキストがある。

- UE の能力がわかっている。(仕様上のオプションとなっている項目の設定ができる)
- セル測定を実施している。

5.1.9 EMM コンテキスト確立(位置登録・一時 ID 割付・認証・セキュリティ有効化)

さて、RRC の手順については整理ができたので、今度は NAS の EMM の手順について整理していきます。*3.1.1.MOBILITY* 管理で説明したとおりで、基本的には Attach 手順を実施すれば良いだけになります。ただし、Attach を実施する=着信可能な状態にUE を設定するということなので、以下のことが必要となります。

- UE のいるセルの TAC を NW 側に登録する
- 認証手順が完了している
- NAS セキュリティが有効化されている
- UE に一時 ID が割り振られている。
- Deafault PDN Connection がある(ESM 側)

それぞれの手順を見ていきましょう。まず UE は NW 側に対して Attach Request メッセージで Attach の要求を出します。その際に ID を指定します。電源 ON 時の場合は SIM の中に記憶されている SIM で一意となる IMSI を設定し、それによって要求をしているのが誰であるかを示します。このタイミングでは様々な手順が未実施であるため、NW 側はすぐにこの要求に直接応答できません。そのため、他の手順が完了したタイミングで Attach Request に対する応答をします。

次に NW 側は認証が済んでいない UE に対して Authentication Request メッセージで認証の要求を実施し、UE は NW 側の認証ができたら、自身を認証するためのハッシュ値を計算して Authentication Response メッセージで返します。NW 側はそのハッシュ値が正しいかどうかを確認し、正しければ認証が完了します。

次に Security Mode Command メッセージを eNB から UE に送信し、RRC メッセージ、ユーザーデータに対する秘匿・完全性保証(RRC メッセージのみ)で使用するアルゴリズムを指定します。UE はそのアルゴリズムで秘匿・完全性保証ができる準備ができたら Security Mode Complete メッセージで応答します。これ以後の通信はすべて秘匿・完全性保証がなされた状態で実施されます。セキュリティを有効化する対象が違うだけで、RRC の手順と同様になります。

最後に NW 側は Attach Accept で Attach ができたことを通知し、その際に UE に一時 ID である GUTI(Global Unique Temporary Identifier)を割り振ります。UE はその GUTI が受信できた応答として Attach Complete を送信します。これで Attach 手順は完了ですが、最後に NW の付加的な情報通知として EMM Information メッセージで NW の情報を送るケースがほとんどです。このメッセージには NW の名前やタイムゾーンが記憶されており、UE はそれによって NW 名やタイムゾーンを知ることが可能となります。

UE のいるセルの TAC を NW 側に登録していないじゃないか、と思われるかもしれませんが、NW 側は Attach Request を受信したセルを特定しているので UE 側から明示的に通知する必要はなく、NW 側で Attach Request を送信してきたセルに対応するTAC を UE の居場所として勝手に登録します。

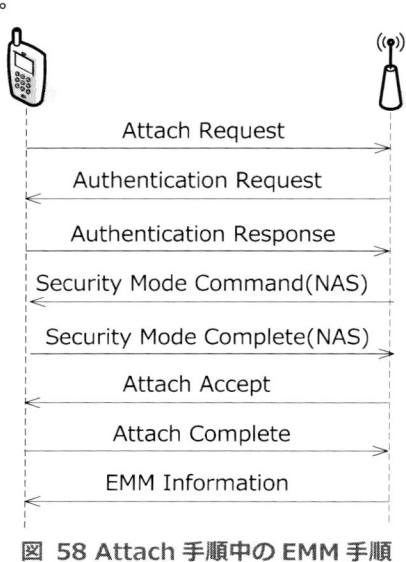

図 58 Attach 手順中の EMM 手順

5.1.10 ESM コンテキスト確立(PDN Connection/Default EPS Bearer 確立)

ESM についても EMM と同様で *3.1.2.PDN CONNECITON・EPS BEARER* 管理で説明したとおりで、基本的には Deafult PDN Connection とその中の EPS Bearer を設定すれば良いだけになります。具体的には次の手順となります。

まず、PDN Connectivity Request メッセージでどの PDN に対して、どのようなデータ通信の PDN Connection を設定したいのかを UE から NW へ通知します。代表的な設定は PDN 名と IPv4/IPv6 どちらの設定にするかを要求します。また、このタイミングでは NAS のセキュリティは未確立なため、もしその情報を秘匿したい場合は NAS セキュリティ確立後にそういった情報をやり取りするための手順が用意されています。どうやって動作するかというと PDN Connectivity Request にその目的のフラグを設定していた場合は NAS セキュリティ確立後に NW 側から ESM Information Request メッセージでその情報を UE に問い合わせし、UE は ESM Information Response でその情報を通知します。

また、PDN Connectivity Request メッセージに対する応答は Activate Default EPS Bearer Context Request メッセージになっており、ここで PDN Connection 内の EPS Bearer を設定します。これは PDN Connection には必ず一つの EPS Beaer が必要になることから、こうしたメッセージの対応になっています。(PDN Connectivity Response や Complete のようなメッセージはない。)。UE 側で設定が完了すると Activate Default EPS Bearer Context Accept で応答します。

これで NAS 側の EPS Bearer 設定は完了で、追加の EPS Bearer や PDN Connection を設定する必要がなければ、この EPS Bearer を使って通信することが可能です。実際に通信する際には RRC の RRC Connection Reconfiguration メッセージで EPS Bearer と DRB の対応付けがなされることになります。

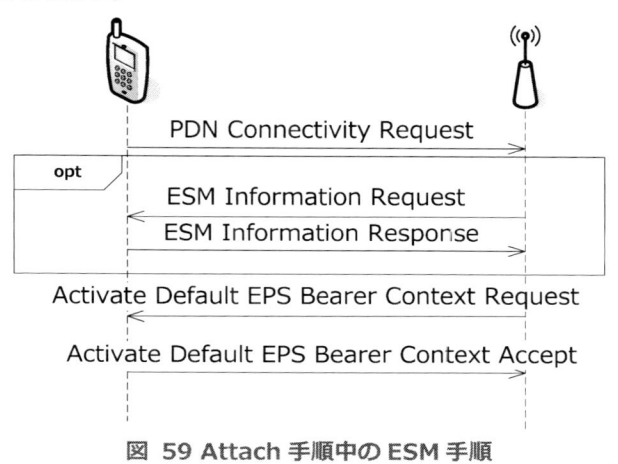

図 59 Attach 手順中の ESM 手順

5.1.11 EMM メッセージと ESM メッセージ/NAS メッセージと RRC メッセージのピギーバック

LTE では設定の遅延時間を極力小さくするため、シグナリングメッセージを無線上でやり取りする回数を少なくする工夫をしており、NAS の EMM メッセージ中に ESM メッセージを含めて NAS メッセージ数を減らす仕組みと NAS メッセージを RRC メッセージ中に含めてメッセージ数を減らす仕組みがあり、それをピギーバックと呼びます。

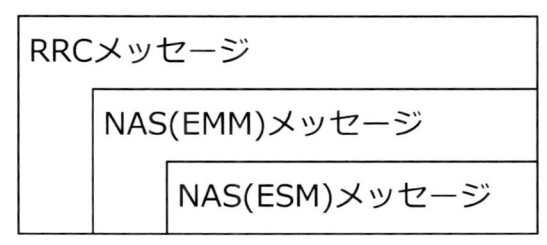

図 60 NAS メッセージ・RRC メッセージのカプセリング(ピギーバック)

NAS は必ず RRC メッセージに載せるため、NAS メッセージを RRC メッセージに含めてもメッセージ数が減らないではないかと思うかもしれませんが、歴史的な背景を説明すると 3G では NAS メッセージは個別の専用の RRC メッセージ(Downlink Direct Transfer/Uplink Direct Transfer)に載せて送信していました。そのため、LTE の Attach 手順と比較する 3G の Attach 手順ではシグナリングメッセージ数がかなり多くなっています。また、LTE としても NAS メッセージ向けの専用 RRC メッセージも用意されており、DL と UL でそれぞれ DL Information Transfer/UL Information Transfer になります。

Attach 手順におけるそれぞれのピギーバックの関係性は次のとおりになります。

表 9 NAS メッセージ・RRC メッセージのカプセリング(ピギーバック)

	EMM	ESM
RRC Connection Setup Complete	Attach Request	PDN Connecitivty Reuqest
RRC Connection Reconfiguration	Attach Accept	Activate Default EPS Bearer Context Request
UL Information Transfer	Attach Complete	Activate Default EPS Bearer Context Accept

5.1.12　RRC Connection Release

Attach 手順では Attach が完了するとそれ以上の通信は必要ないため、RRC Connection Release メッセージで UE の状態を RRC_Connected から RRC_Idle へ遷移させます。このメッセージの応答メッセージはなく、下位レイヤーでの送達確認のみとなります。

5.2 発信・着信手順

発信、着信手順は電源 ON の手順から不要な手順を除いた動作になっており、追加の要素は着信時の呼出向け RRC メッセージの Paging と NAS の EMM 手順を実施する必要がなく、EMM 手順の Service Request メッセージを送信するぐらいです。

LTE の場合、大まかな動作で着信と発信の差分はほとんどなく、UE が自分からデータを送信するために RACH 手順を開始するか、NW 側から Paging メッセージを受けて開始するかの差分と、RRC Connection Request の接続理由に着信であることを通知するぐらいです。Idle 時 UE は Paging メッセージを受信できるように定期的に DL 信号をモニターしています。また、Paging メッセージには対象の UE を識別するため、Attach 手順で UE に割り付られた GUTI の一部省略版の S-TMSI(Short Temporary Mobile Subscriber Identifier)が含まれており、UE は自身の S-TMSI に対応するものであれば RACH 手順を開始してそれに応答をします。

RRC Conection の確立については Attach 手順の動作を同様になっていますが、RRC Conneciton Setup Complete に載せる NAS メッセージは Service Request メッセージになっており、このメッセージの目的は何かというと、NAS セキュリティ向けの開始情報を通知することと、単純に通信を開始する合図になることだけです。というのは UE と eNB の間だけを考えれば、DRB を設定するだけで十分ですが、EPS Bearer 全体として機能させるためには EPC 側に対しても接続が必要でその通知がこのメッセージとなります。あとの手順は Attach 手順から既に設定済みの不要な手順を抜いたものになっています。

また、Attach 手順と異なり、RRC Connection Release はすぐに実施されるわけではなく、データ通信が完了したとみなされた場合に実施されます。標準化仕様では詳細に規定されていませんが、通常は無通信であることを検知するタイマーを eNB 側で設けてそれを判断しています。

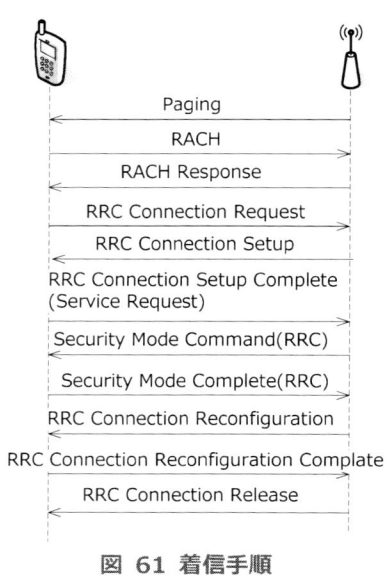

図 61 着信手順

5.3 HO 手順

　最も携帯電話システムらしい手順と言えるのがこの HO 手順です。LTE のシステムではカバレッジ的なもの、機能的なもの、負荷分散と様々な目的で HO を実施しますが基本のカバレッジ的なものを前提に説明をします。セルの範囲の境界部分に来ると通常はセル間の DL 干渉や受信電力が弱いことによって通信継続が難しくなります。そのため、適切なセルに切り替えてやる必要があります。それがカバレッジ目的の HO で以下の様に eNB A から eNB B のセルに移動するケースを考えてみます。(UE から見た場合、同一 eNB 内のセル間での HO か他 eNB への HO なのかは特に明示的に気にされることはありません。もちろん、差分はあって eNB が変わるケースは DL データの転送遅延が発生することや、UE の対応能力の情報や UE の RRC セキュリティキー情報の Context 情報を転送する必要が出てきます。しかし、UE としては特に気にせず通知された HO 指示に沿って動作するだけです。)

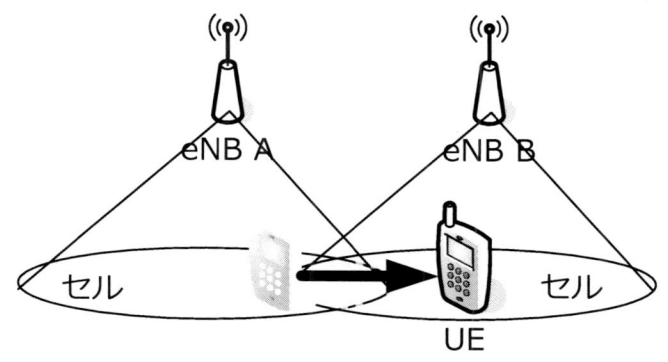

図 62 HO イメージ

　以下が HO の代表的なシーケンスとなります。まず、UE が Measurement Report メッセージで eNB B のセルの方が RSRP/RSRQ が良いことを eNB A に通知します。受信した eNB A は HO 実施のための準備を eNB B に対して実施します。(シーケンス図上では割愛)準備が終わったら eNB A は RRC Connection Reconfiguration メッセージで HO を指示します。この際に注意すべき事項は以下の通り、新しいセルで使用する設定一式が通知されるため RACH 手順を実施した後は発信手順が完了したのと同じ状態となり、データ通信をそのまま継続できるということです。

- RACH 手順で使うべき予約されている Preamble ID が UE に通知される。
- RACH 手順の後で新しいセルで使う C-RNTI が UE に通知される。
- 新しいセルの SIB2 の情報が UE に通知される。(UE は新しいセルで SIB2 を受信することなく、送受信が開始できる)
- 新しいセルの発信時の RRC Connection Setup/RRC Connection Reconfiguration に相当する設定情報が UE に通知される。

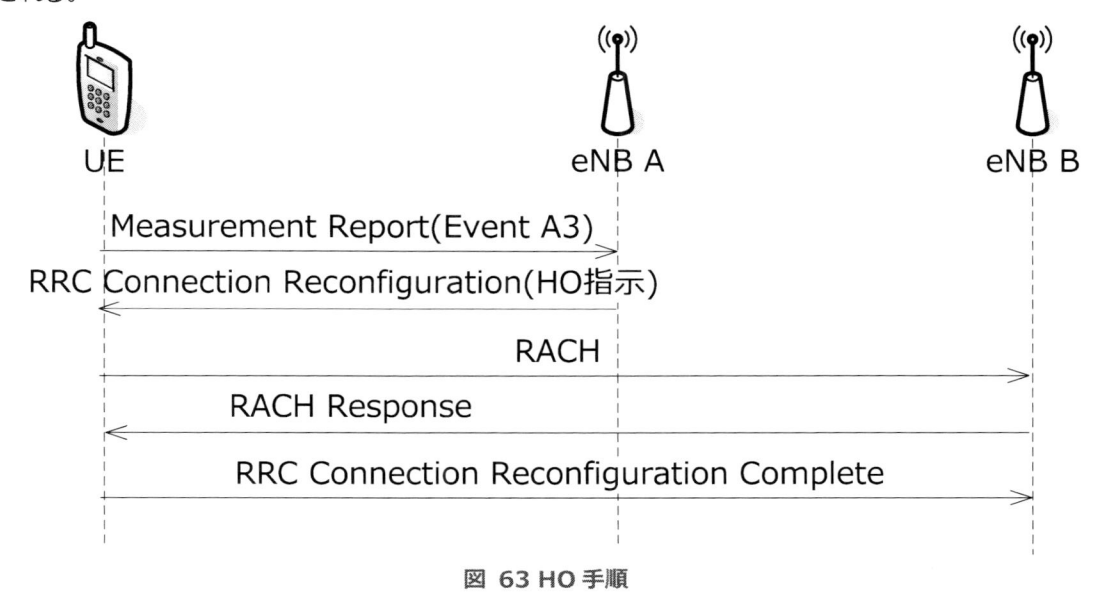

図 63 HO 手順

　また、ここでは発信・着信の際の RACH 手順と異なり、RACH 手順は RACH 送信と RACH Response 受信だけになっています。これは予約されていた Preamble ID を使うため、送信されてきた RACH が HO 実施中の UE のものであることがわかることと、

RACH 手順で C-RNTI を割り付けるわけではないので、他 UE と衝突することがなく、新しいセルに対して実施すべきことは UL タイミング同期だけと言った理由になります。

5.4 Tracking Area Update 手順

Idle 状態でも UE は着信のために Paging メッセージを受けられる様にしておく必要があります。そのため、UE は Idle 状態においても適切なセル選択を実施しています。この Idle 状態におけるセル選択は主に SIB3、SIB5 で通知されている内容に従って UE が自律的に動作するだけです。

UE が自律的に動作するため、明示的にメッセージをやり取りする必要はありませんが、UE がいる TAC が変わった場合は NW 側に通知しないと NW 側で間違ったセルに Paging を送信してしまうため、UE がいる TAC が変わった場合には Tracking Area Update 手順を実施して、UE がいる TAC が変更されたことを通知する必要があります。(正確には TAC の切り替わり地点で Tracking Area Update を頻繁に実施しないように、TAC のリストを UE に通知して、そのリストに含まれない TAC のセルに移動したら実施するのが通常の運用の仕方です)

さて、Tracking Area Update の手順ですが RRC Connection Setup Complete までは発信と同じ手順を実施します。その後は TAC 更新を通知する Tracking Area Update Request メッセージを送信し、それに対する応答の Tracking Area Update Accept で Tracking Area Update をしなくても良い TAC のリストを受け取ります。また、ややこしいのですが、Tracking Area Update Accept で新しい GUTI を UE に割り当てる場合には UE から eNB に対して応答が必要になり、Tracking Area Update Complete メッセージが送信されます。割り当てがない場合はこのメッセージはスキップされます。後は RRC Connection を維持する必要が無い為、RRC Connection Release メッセージで切断されます。

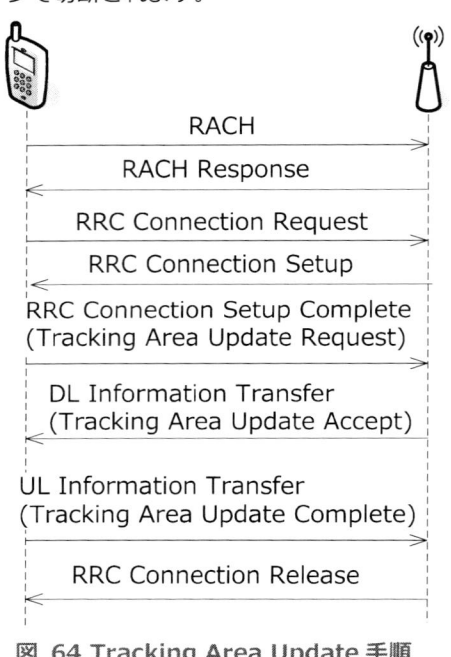

図 64 Tracking Area Update 手順

5.5 各種 Physical レイヤー手順

ここまででは一部の手順(セル選択や DL 同期、RACH 手順)を除いて Physical レイヤー手順の説明をスキップしてきました。しかし、CAT-M を理解する上で元となる LTE の Physical レイヤー手順を理解する必要が有るため、ここで代表的な手順を紹介していきます。

5.5.1　UE 個別の DL/UL スケジューリング

LTE はほとんどのケースにおいて DL/UL スケジューリング指示の情報である DCI(Downlink Control Information)を PDCCH に載せて UE に指示し、UE はそれに従って DL のデコード、UL の送信を実施します。*3.7.レイヤー間インターフェース*で見たレイヤーマッピングの PDSCH/PUSCH の載せるデータが全て対象となり、Physical レイヤーより上位レイヤーのユーザーデータ、コントロールデータの区別はありません。例えば、RLC の ARQ ACK/NACK、ユーザーデータ、RRC メッセージそれらの区別は PDSCH/PUSCH に載せるタイミングでは区別されません。ただし、Physical レイヤーのコントロール情報は専用のチャンネルを持っていることが多いため、Physical レイヤーのコントロール情報はこのスケジューリングの対象外です。ます、スケジューリングする内容によって DCI のフォーマットを変え、そのフォーマットごとに載ってくる情報は異なりますが、DL/UL 共通で次のような情報が載ってきます。

- 使用する PRB 位置(DL は分散割り当ても可。UL は連続割り当てのみ)
- MCS(Modulation Code Scheme。送受信で使用する効率を示したインデックスでその名の通り変調方式をどれにするかと、後述する誤り訂正符号の削除率をどれ位にするかを示したセットのどれを使うかのインデックス。高いと高効率・高 SINR のみ許容、低いと低効率・低 SINR も許容となります)
- 送信するモード(MIMO を用いて 2 つ Transport Block を送信したり、同じデータを二つ以上のアンテナから送信したり、Beamforming を使ったりを選択する。それぞれ DCI フォーマットが異なる)
- 送信電力調整(UL スケジューリング時は PUSCH、DL スケジューリング時は HARQ ACK/NACK 送信の PUCCH 向け)

上記を見てわかると思いますが、DL 受信タイミング、UL 送信タイミング、どの UE への割り当てかという情報は全く載ってきていません。DL 受信タイミング、UL 送信タイミングは PDCCH を受信したサブフレームによって自動的に決定されますし、どの PDCCH がどの UE 向けなのかと言うのは PDCCH の RNTI を用いて CRC を生成することによって暗黙的に判断されます。(特定の RNTI を使って UE は PDCCH をデコードしようとして、対象の RNTI と違う場合は CRC が一致しないため破棄されます。こうした明示的に正解を通知せず、すべてのパターンをトライし、成功するかで判断するやり方をブラインドデコードと呼びます)。この RNTI は既に C-RNTI が出てきていますが、C-RNTI は UE 個別の通信向けのもので他にも以下のような種類があります。(他にも Closed Loop Power Control 向けの TPC-RNTI、周期スケジューリング向けの SPS-RNTI などがありますがここでは説明しません)

表 10 各種 RNTI とその用途

	対象	用途
C-RNTI	特定 UE(RACH 手順の Message4 だけは複数 UE の可能性あり)	UE 個別のスケジューリング。UE ごとに割り当て
RA-RNTI	RACH Response を待ち受けている UE	RACH Reponse の通知時の PDCCH に使用する RNTI
SI-RNTI	全 UE	SIB 送信の PDCCH に使用する RNTI
P-RNTI	全 UE	Paging 送信の PDCCH に使用する RNTI

また、直接的には eNB から PDCCH が送信され、それによって DL/UL データの送受信=PDSCH/PUSCH 送受信が実施されますが、データの発生をどうやって検知するのかについて DL と UL で差分があります。以下の図は DL ユーザーデータが発生したことによる DL スケジューリングの例です。(もちろん、RRC メッセージ送信のために DL データが発生するケースもあり、その場合は eNB 内部から実施されます)。eNB は S-GW からユーザーデータが転送されてくると PDCCH で対象の UE に DL スケジューリングを実施し、PDSCH でユーザーデータを送信します。UE は PUCCH で PDSCH の受信に成功したかどうかの HARQ プロセスの ACK(ACKnowldge)/NACK(Negative ACKnowldge)を返します。eNB はその結果が失敗=NACK だった場合は PDSCH を再送し

ます。この再送動作は送信が成功するか HARQ 最大再送回数を超過するまで繰り返されます。それぞれのタイミングは次のとおり
ですが、DL については非同期再送となっているため、再送のタイミングは任意となります。また、ややこしいのですが後述する
PUSCH の送信が PUCCH の送信と同じタイミングに重なっている場合、UL は SC-FDMA を使っている以上、両方を同時に送信す
ることはできません。(SC-FDMA はその名前の通り、シングルキャリア送信のため、連続した一つの周波数帯域でしか送信できず、
PUSCH と PUCCH は非連続であることが通常のケースのため、同時に送信できない)そのため、そういった場合は PUCCH で送信
する内容を PUSCH に相乗りさせる仕様となっています。

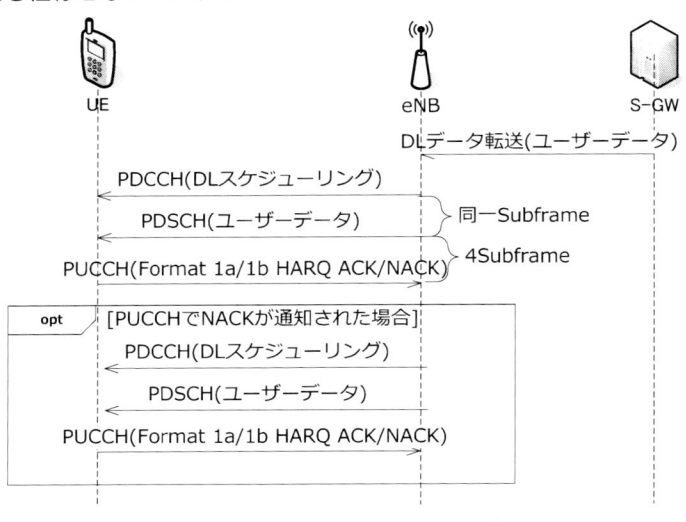

図 65 DL データスケジューリング手順

次に UL のケースですが、明示的に通知しなければ eNB は UE に UL 送信データが有るかどうかは判断がつかないため、3 つの方法が提供されています。それぞれ、UE は上から順に実施していきます。

1. UL MAC のコントロール情報である UE の UL バッファにどれだけのデータが溜まっているかを eNB に通知するための BSR(Buffer Status Report)を送信することによって eNB に通知する。ただし、UL スケジューリングされていないと UL MAC のコントロール情報の送信はできないため、UL スケジューリングが連続して続いている場合、または Scheduling Request 送信後の動作。

2. PUCCH Format1 の Scheduling Request を送信する事によって UE の UL バッファにデータが有ることを通知する。(サイズは通知できず、あることだけを通知)。応答がなければ最大再送回数分だけ実施。

3. RACH 手順を実施し、UL リソースを割り当ててもらう。

これらの例を二つのシーケンスで見てみましょう。まずは一つ目と二つ目の両方を含んだシーケンスです。ユーザーデータが発生して一定時間 UL スケジューリングがされなかった場合は PUCCH Format1 の Scheduling Request で eNB に UL のスケジューリングを要求します。要求された eNB は PDCCH で UL スケジューリングを UE に指示し、UE はその指示の通り PUSCH 送信を実施します。その際に BSR で残りの UL バッファサイズを通知します。また、eNB は PUSCH のデコードに成功したかどうかを PHICH で返します。UE は PHICH で NACK が返される、または PDCCH で再送 UL スケジューリングがなされると PUSCH の再送を実施します。二つの手段が用意されている理由として、PHICH で NACK を受信した場合は前に PDCCH で指示した内容で再送を実施しますが、PDCCH で再送 UL スケジューリングした場合は新しい設定で再送できるため、例えば最初の送信は干渉が強い周波数帯域を割り当てていたから、再送では干渉がなさそうな周波数帯域の割り当てをするなどが可能です。

一方、スケジューリングと再送のタイミングを見て下さい。Scheduling Request に対する eNB の応答時間は規定されていないため、任意のタイミングで eNB は PDCCH で UL スケジューリングすることが可能です(通常は UE に割り当てた Scheduling Request の周期より短いタイミングで応答します)。次に PDCCH で UL スケジューリングがされてから UE が PUSCH を送信するまでの時間ですが、DL と異なり 4Subframe 後となっています。これは UL 送信内容の Transport Block を作成するための時間や Timing Advance 分だけ時間が必要なためです。また、HARQ ACK/NACK と再送についてもタイミングが規定されており、UL は同期再送となります。つまり、再送のタイミングを変更することができません。

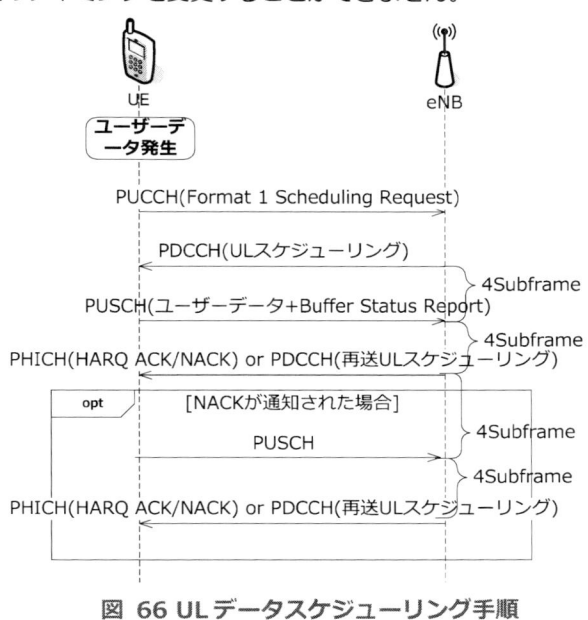

図 66 UL データスケジューリング手順

次に RACH で UL リソースを要求する最後のケースを見てみましょう。Scheduling Request を最大再送回数分送信すると UE は自身にその PUCCH リソースが割り当てられていないと判断し、RACH 手順を実施します。この RACH 手順の後、再度 PUCCH リソース割当がし直されるのが通常の動作となります。この場合の RACH 手順は特殊で、既に UE に対しては C-RNTI が割り当て済みのため、RACH Response で割り当てをし直す必要がなく、UL タイミング同期についても取り直す必要がない場合もあります。UL タイミング同期については UE 側で定期的な UL タイミング同期更新を監視するタイマーがあり、それが T.O.指定ない限りは RACH Response で UL タイミング同期をとりなおしません。また、RACH Response で割り当てられた C-RNTI も無視されます。

そして、Message3 として MAC コントロール情報に C-RNTI を載せた送信を実施し、該当の RACH がその UE によるものだったことを示します。

　eNB 側では RRC Connection を継続させるため、PUCCH 再割当てを実施して手順を終了します。

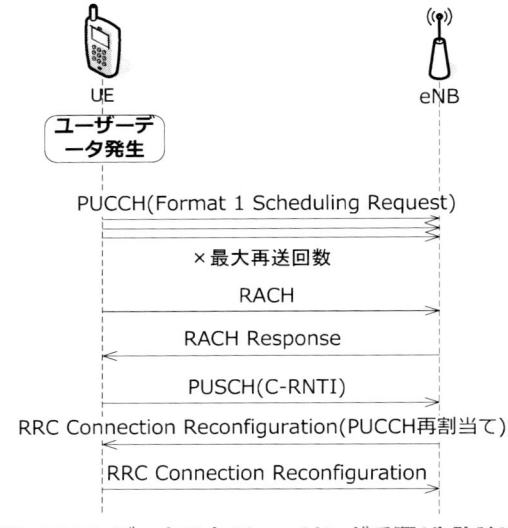

図 67 UL データスケジューリング手順(失敗時)

5.5.2　SIB のスケジューリング

　代表的な手順で PSS/SSS/PBCH の送信タイミングについては説明をしましたが、SIB の送信については説明を割愛していたため、ここで説明をします。SIB は PSS/SSS/PBCH と異なり、周波数位置の割り付けやタイミングの割り付けにかなり自由度があります。ただし、SIB1 以外の SIB のスケジューリングは SIB1 に載せた情報を元に実施されるため、SIB1 だけはタイミングが固定されています。SIB1 は次の図の様に偶数 SFN の Frame の Subframe5 で送信されます。UE 個別の DL/UL スケジューリングと同様にそのタイミングで PDCCH で SIB 向けのスケジューリング通知がなされ、UE はそこに載ってきている PRB のデコードを実施して、SIB1 の情報を取得します。

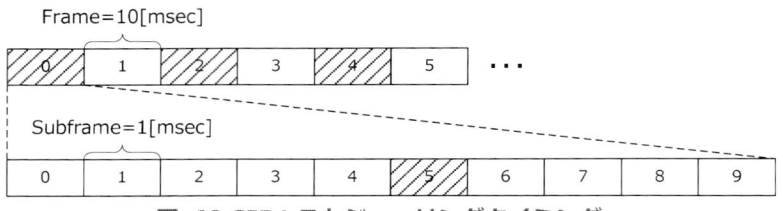

図 68 SIB1 スケジューリングタイミング

　次に UE は SIB1 の中の情報を元にして SIB2〜の SIB スケジューリングのタイミング情報を取得するようにしています。SIB2〜のスケジューリングについては SIB 送信が特定のサブフレームであることが要求されないため、一定の期間中に一回送信されれば良いという扱いになっています。その期間のことを SI-window と呼び、SIB1 で通知されます。次に、SIB2〜の SIB スケジューリングのタイミングは対象グループごとに周期が通知され、SFN=0 からのオフセットが次の計算式でグループの順番 N ごとに設定されるようになっています。つまり、計算した x の値が SFN=0 からのオフセット Subframe 数になります。また、ややこしいのですが、SIB2 は暗黙的に最初のグループに含まれることになっています。

Subframe オフセット $= x \bmod 10$

SFN オフセット $= \mathrm{FLOOR}(x / 10)$

ここで $x = (N-1) \times$ SI-window

　例えば、最初のグループに SIB2、SIB3 が配置されて、80msec の周期が指定されて、SI-window が 10msec の場合は次のような計算式になり、SFN=0,8,16,24...の Subframe=0 から 10msec の間に SIB2、SIB3 が送信されることになります。

$x = (1-1) \times 10\mathrm{msec}=0$

Subframe オフセット $= 0 \bmod 10 = 0$

SFN オフセット $= \mathrm{FLOOR}(0 / 10) = 0$

5.5.3　UL Power Control

LTE は 3G と異なり、UL 受信電力を均一に制御する必要はありません。しかしながら、無駄に UL 電力が高すぎる場合は UE 側の電池持ちに影響したり、干渉の原因となるため、二つの電力制御方式が規定されています。

- Open Loop Power Control:明示的にフィードバック情報をやり取りせずに UL 電力を制御する方式です。
- Closed Loop Power Control:TPC と呼ばれる明示的なフィードバック情報を eNB から UE に通知することによって、Open Loop Power Control から補正をかける処理になります。

それぞれの方式についてみていきましょう。まずひとつ目の Open Loop Power Control ですが、これは Pathloss と 1PRB あたりの期待受信電力をベースにした方式になります。Pathloss とは何かというと、UE と eNB のアンテナ間で送信した電力がどれだけ減衰して受信されたかです。単純に送信電力-受信電力になります。eNB は常に Reference Signal を送信していますが、UE は常に送信しているものがないため、この Pathloss は DL をベースに算出されます。もちろん FDD LTE は DL の周波数帯域と UL の周波数帯域が異なるため、DL の Pathloss と UL の Pathloss は異なりますが、通常の伝搬環境であれば十分に良く似た値になることが知られているからです。

次に 1PRB あたりの期待受信電力その名前の通り送信がなされて減衰して eNB に届いた際のターゲットとする受信電力です。また、前述したとおり LTE は 3G と異なり UL 受信電力を均一にする必要が無い為、セルの中心では高スループット、セルの端では低スループットと言った設計をすることも可能です。セル中心、セル端での補正係数をαと呼びます。また、一定スループットを要求する PUCCH についてはこのαは適用されません。具体的には Open Loop Power Contorl の式で見てみましょう。(実際にはフォーマット補正の値が入りますが、微調整のためここでは省略しています。)

UE トータル送信電力[dBm] = P0Nominal-PUSCH/PUCCH(1PRB あたりの期待受信電力) + α(PUCCH の場合は 1 固定) x Pathloss + 10xLog10(PRB 数):PRB 数補正

DL Pathloss と UL Pathloss が同じでαが 1 の場合を考えると以下の通り、1PRB あたりの eNB の受信電力と期待受信電力が一致するようになっています。

1PRB あたりの eNB の受信電力[dBm] = UE トータル送信電力[dBm] - 10xLog10(PRB 数):PRB 数補正 − Pathloss

= P0Nominal-PUSCH/PUCCH(1PRB あたりの期待受信電力)

1PRB、α=1 の場合を図にすると以下の様になります。

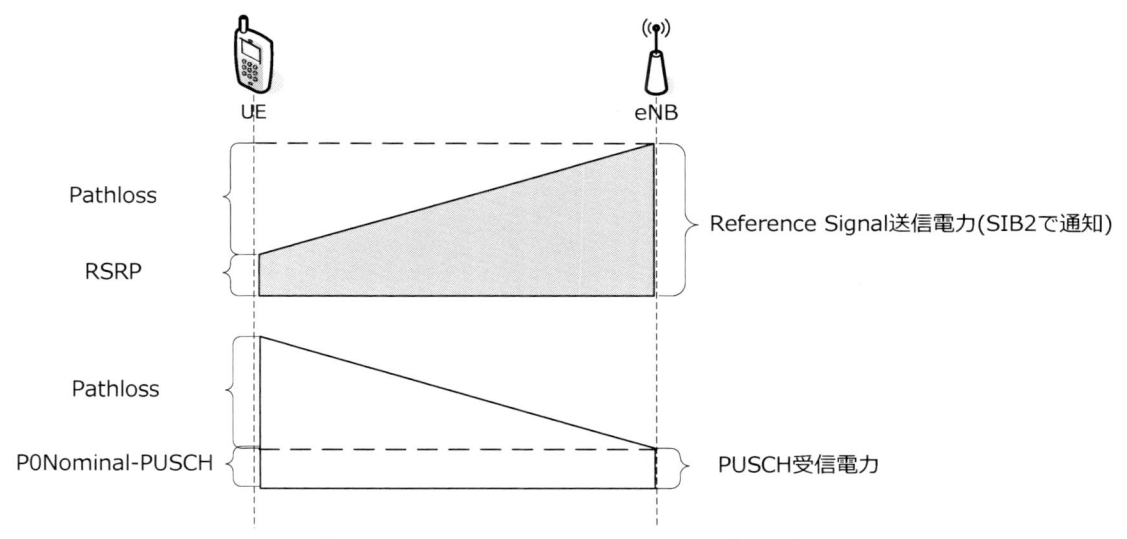

図 69 Open Loop Power Control イメージ

次に Closed Loop Power Control について説明します。Closed Loop Power Control は上記の Open Loop Power Control に対する補正として動作します。具体的には特定のメッセージ、主に PDCCH にて UL スケジューリングする際に電力補正を指示し、通常の設定では補正は累積する様になっています。例えば+1dB 補正されている状況で更に+1dB 補正を指示された場合は+2dB の補正となります。

5.5.4　DL RF 環境モニタリング

　LTE は UE が DL 信号を受信する関係上、eNB は直接 DL 信号の品質をモニタリングする方法はありません。しかし、eNB は DL 送信の際に DL MCS を指定して、通信効率を決定しなければなりません。そのため、UE から DL RF 環境を評価した結果を eNB 側にフィードバックする仕掛けが必要となります。もちろん HO 手順で説明したように RRC の Measurement Report で報告しても良いのですが、一般的に RRC の処理は遅延が大きいことと、リソースの消費量が大きいため、常に実施するのには不適切です。

　LTE ではこうした DL RF 環境のモニタリング向けに RRC_Connected 状態では常に UE に割り当てられる PUCCH Format2 を使用した周期的なフィードバックメカニズムを設けています。このフィードバック情報は複数タイプが有り、CQI(Channel Quality Indicator)、RI(Rank Index)、PMI(Precoding Matrix Index)の 3 種類があります。CQI は現状の DL RF 環境でどれくらいの通信効率を達成できるかの指標値で 0〜15 の値を取ります。次に RI は MIMO を使って複数経路として通信することが可能かどうかを示します。最後に PMI ですが、送信前にアンテナごとの内容に事前加工しておき通信効率を上げる送信モードがあります。その事前加工のことを Precoding と呼び、いくつかパターンが用意されています。受信側でどのパターンを使えば最も通信効率が上がるかを示すためにその Index を通知するのが PMI となります。これら 3 種類をまとめて CSI(Channel Status Indicator)と呼ぶこともあります。

　また、PUCCH Format2 に載せられるデータ量と周期については限界があるため、上記の周期的なフィードバックとは別に PUSCH で CSI 情報を送信するオンデマンドのフィードバックの仕掛けがあり、それぞれ Periodic CQI/RI/PMI Report、Aperiodic CQI/RI/PMI Report と呼びます。

5.5.5　UL RF 環境モニタリング

　5.5.4.DL RF 環境モニタリングで見たとおり、DL については eNB が品質を直接モニタリングする方法がないため、UE から eNB に専用のフィードバック情報を送っていました。しかし、UL の品質については eNB が指示した PRB 数、PRB 位置で UE が送信した UL 信号を直接 eNB がモニタリングできるため、特に工夫の必要はなく受信した信号の品質に応じて通信効率＝MCS を指定することができます。また、実際のユーザーの使い方に依存するのですが、UL 通信は DL 通信と比較して比較的小さなデータしか送られないため、広い周波数帯域のモニタリングや時間的に連続したモニタリングができないケースがあります。その場合は SRS(Sounding Reference Signal)という UL RF 環境モニタリング専用の UL 信号を使って UL のモニタリングを追加で実施することもできます。ただし、SRS を使用する UL サブフレームでは最後の OFDM シンボルが SRS で使用されてしまい、そこを PUSCH で使用できなくなるため、ピークスループットに影響を与えます。

5.6 UL スケジューリング時の各レイヤー間連携動作

　UL 側は UE 側でリソースの割り当てを実施しないため、eNB から UE に割り当てられたリソースを基準にすべてのスケジューリングや Transport Block 作成が決まります。そのため、各レイヤー間でかなりの調整動作が動きます。音声データなど遅延が許されないデータは優先的に送る必要が有るため、MAC は Physical レイヤーから通知された利用可能なサイズを各 Radio Bearer(=Logical Channel)に割り振る際に優先度と優先サイズを考慮して割り振ります。それの繰り返しをして割り当てサイズが決定したら、その割り振られたサイズに応じて RLC はセグメンテーション・コンカチネーションを実施して MAC にデータを返します。LTE は優先度が高かったとしても、一定期間に優先されるサイズ以上の割り当てでは優先されないメカニズムとなっているため、こうした動作になっています。一例で言えば、音声通話データは一定時間に一定のデータ量しか発生しないので、一定時間に一定以上のリソースを割り当てても意味が無いからです。

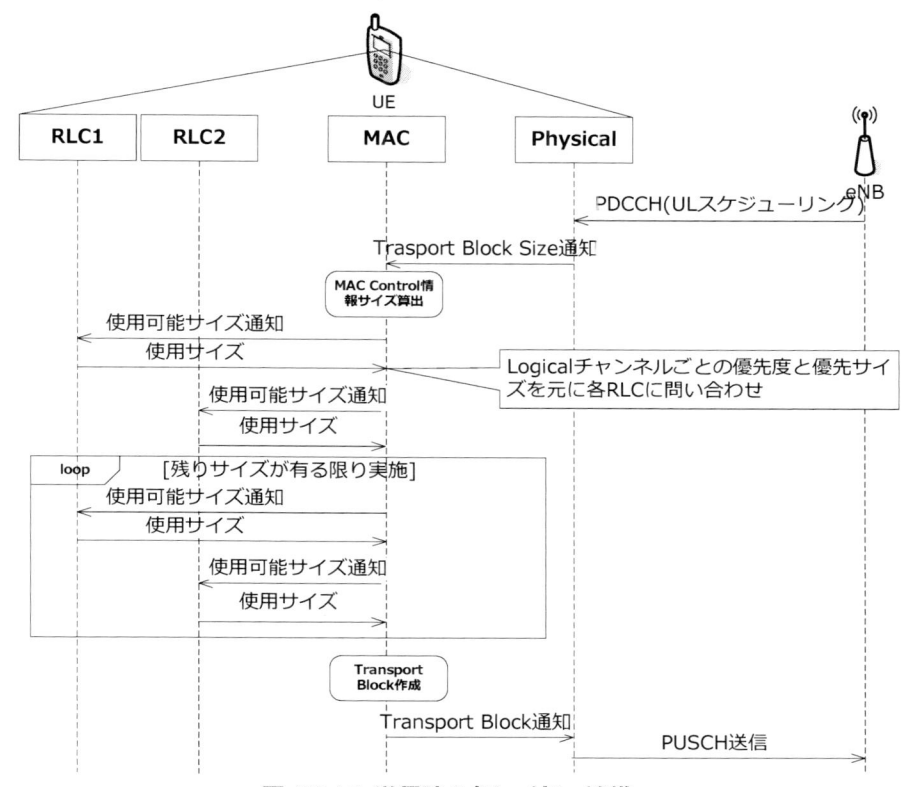

図 70 UL 送信時の各レイヤー連携

　ここでは UL の例を示しましたが、では DL はどうなのでしょうか？答えは eNB の実装依存です。UL についてはこうした動作となることが間接的に規定されておりますが、DL については eNB がスケジューリングをして、eNB が各レイヤーに割り振りをし、かつ複数 UE 間で都合が良くなるように割り振るため、仕様で規定してしまうと効率的なスケジューリングの足かせにしかならないからです。上記の UL の例で見て分かる通り、eNB は UE が持っている UL データサイズを厳密に把握することはできないため、ちょうどよいサイズの割り当てができるとは限りません。そのための次善の仕様です。それに対して DL は各 Radio Bearer で持っているデータのサイズにちょうどよいサイズの割り当てが可能だということです。

6　CAT-M の基本的な設計論理

　ここまでの章で LTE の基本的な通信方式を見てきました。CAT-M は既存の LTE 通信方式をなるべく踏襲するようにしているため、Physical レイヤーより上のレイヤーではほとんど差分がなく、RRC メッセージに CAT-M 向けの設定パラメータが追加されている程度になります。そのため、この章以降では CAT-M の Physical Layer の説明がメインとなります。また、一部の CAT-M 特有の機能は他レイヤーでも盛り込まれているため、それは *10.その他の CAT-M 関連トピック* で説明します。

　また、CAT-M は周波数幅 1.4MHz=6PRB のみ受信可能な仕様となっていますが、この 6PRB という制限は同時に送受信可能な周波数幅というだけで、異なる時間であれば異なる 6PRB の受信が可能となっています。そのため、CAT-M の仕様は特定の 6PRB で全てが完結するという仕様ではなく、同時に受信できる周波数が 6PRB であるという前提で作られています。逆に言うと、Legacy LTE で 6PRB に制限されていない Physical チャンネルは使用できないという意味になります。つまり、以下のチャンネル、情報は使用できません。

- ● PDCCH:DL/UL スケジューリングは MPDCCH という CAT-M 向けの新しいチャンネルで実施されます。
- ● PHICH:UL 送信に対する HARQ ACK/NACK は MPDCCH という CAT-M 向けの新しいチャンネルで実施されます。(再送が必要な場合の再送指示のみで、再送不要時は省略されます)
- ● PCFICH:PDCCH で使用する OFDM シンボルは Max であると仮定して動作します。(明示的にシグナリングで通知があった場合はそちらを使用します。)
- ● SIB:CAT-M UE に向けて専用の SIB-BR という形式で 6PRB に絞った送信形式で SIB を提供します。
- ● Paging:CAT-M UE に向けて専用の 6PRB に絞った送信形式で Paging を提供します。

　以下のチャンネルについては CAT-M 向けの仕様が追加される形式で動作します。つまり、DL については PDSCH のみが Legacy LTE と同じで、MPDCCH が追加されます。UL について制限はありますが、Legacy LTE と同様です。

- ● PUSCH:6PRB に制限された形式で適用されます。
- ● PUCCH:一部制限がありますが、使用可能です。
- ● PRACH:Legacy LTE に機能追加された形で使用されます。
- ● PDSCH:6PRB に制限された形式で適用されるのと、Legacy LTE との相互運用上の制約を受けます。
- ● MPDCCH:CAT-M 専用です。

　上記の 6PRB のみ使用可能という仕掛け上、Legacy LTE の帯域全体を 6PRB ずつ分割したエリアを作ると管理がし易いため、CAT-M の使用では 6PRB ごとのエリアを NB(Narrow Band)と名付けて、それぞれ周波数が低い側から 0,1,2,…という様に割り付けています。ただし、周波数幅が 1.4MHz 以外のケースではトータルの PRB 数が 6PRB の倍数ではないため両側にパディングを入れるような形で NB は配置されます。以下の図は周波数幅 10MHz の構成の場合です。CAT-M のスケジューリングではこの NB のインデックスと NB ないの PRB 位置が指定されます。また、DL/UL スケジューリングをするための PDCCH 相当の MPDCCH には CAT-M 向けの専用 DCI フォーマットがあり、それで NB インデックスを指定することができるため、MPDCCH の NB と MPDCCH が送信される可能性のあるタイミングさえわかれば、MPDCCH で通知された NB インデックスで UE は受信可能です。そのため、周波数選択のエントリポイントなるのは MPDCCH の NB インデックスと、タイミングとなります。

図 71 NB の配置

　また、後の章の各リソースの割り当てですが、Legacy LTE の機能との関連上 CAT-M で使用できない DL Subframe/UL Subframe があります。そうした Subframe は SIB1 でパターンとして通知されており、使用できない Subframe はスキップされて、タイミングが決定されます。

7 各手順の Coverage Enhancement と NB 選択

CAT-M はカバレッジ拡張のために Repetition という仕組みを採用しています。この Repetition というのは単純に連続して指定回数分だけ同じデータを送信し続け、*4.4.統計的デコード*で説明した統計的なデコードを利用する仕組みで、HARQ 再送とは異なり一回目の送信でデコードが成功しようが指定回数分だけ送信します。それではなぜこの Repetition を使うのかというと、本当に RF 環境が悪い場合は HARQ フィードバックの ACK/NACK すら届かない可能性があることや、HARQ フィードバックでは送信→NACK→再送と再送までに時間がかかり、すべての送信チャンスを使えないためです。つまり、HARQ 再送の仕掛けでは 1 つの Transport Block 送信の場合、送信できるサブフレームを有効活用仕切れません。

このように Repetition は有効な技術である半面、デコードに成功していても連続送信をしてしまうため、かなり無駄が多いと言えます。そこで、この Repetition 回数を最小限に抑えるために CAT-M では Repetition を半静的、動的に回数調整をする仕組みを備えています。

まず、CAT-M では RF 品質のグループを 4 つに分けています。それぞれ CE Level0,1,2,3 となっており、値が小さい順にセル中心に近い(=RF 環境が良い)レベルになっています。また、もう一つの区分として CE Mode A,B という区分があります。これは CE Level0,1 が Mode A に対応し、CE Level 2,3 が CE Mode B に対応しています。特定の処理の分類の都合上、CE Level では扱いづらいためだけです。以降の章ではこの CE Level、CE Mode に応じた処理を見ていきます。

7.1 CE Level・Mode の初期選択

CE Level の初期選択は RACH 手順で実施されます。基本的な RACH 手順は CAT-M と Legacy LTE で変わりませんが、送信電力管理と Repetition に差分があります。まず UE はセルの RSRP を元に SIB2 で通知されている RSRP 閾値から、自身が CE Level0,1,2,3 どの CE Level にいるのかを判断します。例えば、CE Level0,1 に対応しているセルで RSRP 閾値が-120dBm だとすると、UE での RSRP 測定結果が-120dBm 以上は CE Level0、それ以下が CE Level1 といったような仕組みです。

次に SIB2 で通知されている CE Level ごとの Repetition 設定、RACH 送信可能 SFN/Subframe、RACH 周波数位置、Preamble ID 範囲設定を見て UE は RACH 送信をします。(eNB で CE Level を区別するため、CE Level ごと異なる RACH のリソース、つまり RACH 送信 SFN/Subframe、RACH 周波数位置、Preamble ID 範囲のいずれかを切り替える必要があります)

また、ここで注意しなければならないのは Repetition では同じ RACH 信号を送信するため、RACH 信号だけでは Repetition の 1 回め 2 回めといった判断がつきません。そのため、Repetition の回数に応じて初回送信が可能な SFN が制限されます。この初回送信可能な SFN の設定は CE Level ごとに SIB2 で通知され、Repetition の回数以上の間隔を設定することもできます。以下の図を見て下さい。Repetition x 2 回で出来る限り RACH 送信 SFN を増やして、Preamble Format0 の Subframe1 に RACH を割り振ったケースの場合です。

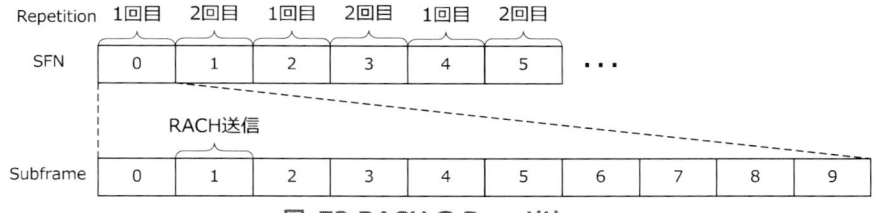

図 72 RACH の Repetition

RSRP に基づいて CE Level を判断すると説明しましたが、実際には RSRP は干渉やノイズは考慮されていませんし、DL の指標値であるため、UL の RF 環境は DL と異なっていて、より悪い状況である可能性があります。また、Legacy LTE ではそうした状況に UL 電力アップ(RACH Ramp up)というやり方で対応していましたが、UE の UL 送信電力が最大(通常 200mW、CAT-M UE は 100mW のものもある)に張り付いている状況下では意味がありません。そこで、一定回数失敗すると次の CE Level に昇格するという対策が CAT-M では取られています。もちろん RACH ramp up についても CAT-M で採用されていますが、CE Level3 ではカバレッジの限界点にいるのだから常に最大送信電力で UL は送信すべきだという理由で UL 送信電力は最大値に固定されるため、CE Level3 だけ除外されています。以下のシーケンスは一例ですが、次のように動作します。

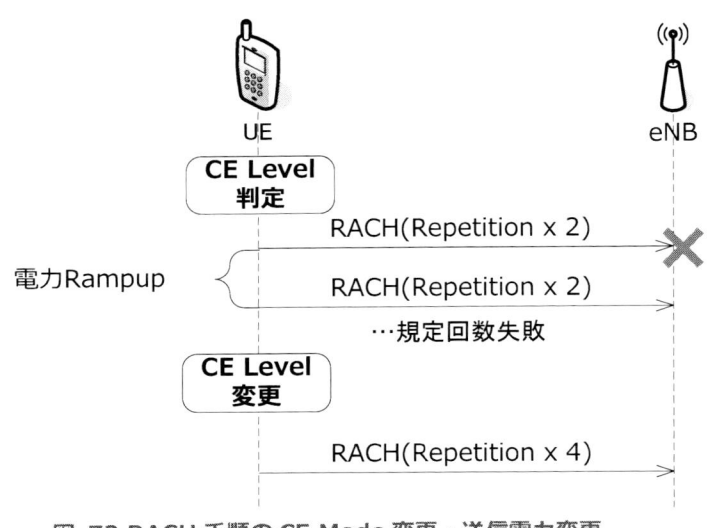

図 73 RACH 手順の CE Mode 変更・送信電力変更

7.2 CE Mode 設定・再設定

RACH 手順にて UE で自動選択される CE Mode ですが、その後は eNB 側で必要があれば明示的に通知、または変更を RRC Connection Setup または RRC Connection Reconfiguration で実施することが可能です。

7.3 CE Level・Mode ごとの UE 個別 DL/UL スケジューリング

7.3.1 MPDCCH の Repetition と周波数位置

RRC Connection Setup/RRC Connection Reconfiguration で UE 個別の MPDCCH の設定がなされ、UE 個別 DL/UL スケジューリングはそこで割り当てられた MPDCCH を使用して実施されます。また、その設定中で Repetition 回数テーブルのうちどのテーブルを使うかの情報(最大 Repetition 回数)が通知されます。この MPDCCH に対する Repetition 設定については CE Mode 別の構成にはなっていないため、注意が必要です。そして、指定したテーブルのどの値を使うかは MPDCCH で送信する DCI の中に入っており、デコードしてみて判断するという仕組みになっています。この実施してみて、デコードに成功すれば(CRC が一致すれば)そうだったというやり方をブラインドデコードと呼びます。Legacy LTE でも PDCCH は複数パターンでブラインドデコードしてみて、成功したものが正解パターンだったと判断する仕組みで動いていたのと同様です。もちろん、Aggregation Level x Repetition すべてのパターンに対してブラインドデコードをトライすると言うのは無理があるため、ケースごとに許可されるパターンが整理されており、その限られたパターンのみに対してブラインドデコードするような設計になっています。

表 11 UE 個別スケジューリングの場合の MPDCCH の Repetition 回数

最大 Repetition 回数(RRC Connection Setup/RRC Connection Reconfiguration 通知)	MPDCCH 通知インデックス=r1	MPDCCH 通知インデックス=r2	MPDCCH 通知インデックス=r3	MPDCCH 通知インデックス=r4
1	1	-	-	-
2	1	2	-	-
4	1	2	4	-
…	-	-	-	-

　次に MPDCCH の周波数位置ですが Hopping を使う方式でなければ、単純で RRC Connection Setup/RRC Connection Reconfiguration で MPDCCH 設定に指定された NB が割り当てられます。また、MPDCCH の送信開始タイミングは RRC Connection Setup/RRC Connection Reconfiguration で Repetition 初回送信開始ポイントとなる SFN/Subframe が指定され、そこから連続するサブフレーム(ただし、SIB1 で通知される使用不可サブフレームがある場合は次の使用可能サブフレーム)で Repetition の 2 回め以降の送信が実施される形式となっています。具体的には RRC Connection Setup/RRC Connection Reconfiguration で指定された最大 Repetition 回数と周期を使って、以下の計算式で最大 Repetition 回数での初回送信サブフレームが決まります。

Repetition 初回送信開始サブフレーム(SFN x 10 + Subframe)= N x 最大 Repetition 回数 x 周期係数

N:は整数値

　例えば、最大 Repetition 回数が 4 回で周期係数が v1(1)として、Repetition 回数 4 回と 2 回の割り当て可能サブフレームを示すと次の様になります。以下の通り v1(1)設定の場合は Repetition 回数のサブフレーム毎に MPDCCH 送信チャンスがあり、詰め込んだ配置となります。

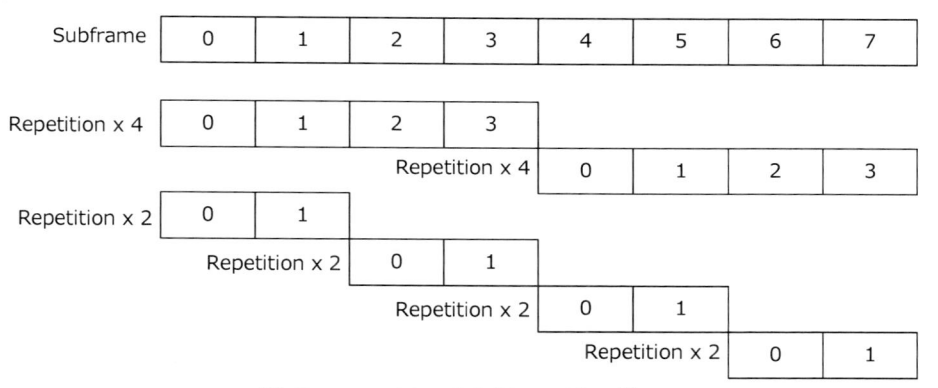

図 74 MPDCCH スケジューリング

　ただし、CAT-M で使用できないサブフレームがあった場合は、MPDCCH 送信はその次の使用可能なサブフレームに送られます。以下は周期係数が v2(2)で最大 Repetition 回数が 4 回で幾つかのサブフレームが使えない例です。ここでは Subframe2 と 11 が使用できない場合の動作を記載しており、Repetition 回数が 4 回の割り当てが Subframe0,1,2,3 ではなく 2 をスキップして 3 回め(index=2)の送信が Subrame2 から 3 にずれていることが分かります。

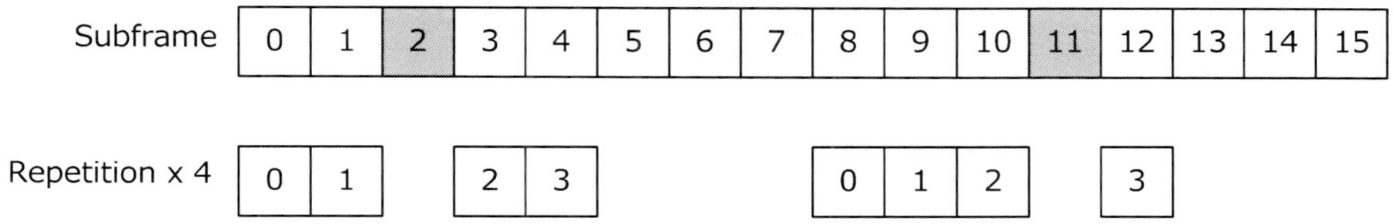

Subframe																
0	1	2	3	4	5	6	7	8	9	10	11	12	13	14	15

Repetition x 4 : 0 1 | 2 3 | 0 1 2 | 3

図 75 MPDCCH スケジューリング

7.3.2 PDSCH の Repetition と周波数位置

SIB2 で PDSCH の Repetition 回数テーブルのうちのどのテーブルを使うかの情報(最大 Repetition 回数)が CE Mode ごとに通知されます。そのテーブルとテーブル内のどの値を使用するかを MPDCCH で指定することによって、半動的に Repetition 回数が指定されます。具体的には以下が CE Mode A の Repetition 回数テーブルの情報です。例えば SIB2 で最大 Repetition 回数が 16 回に指定された状態で MPDCCH にて n3 が指定されると Repetition 回数は 16 回になります。また、MPDCCH で PDSCH 送信をする NB と PRB も指定されるため、PDSCH の周波数位置で特に注意する事項はありません。

表 12 PDSCH の Repetition 回数

	MPDCCH 通知インデックス=n1	MPDCCH 通知インデックス=n2	MPDCCH 通知インデックス=n3	MPDCCH 通知インデックス=n4
SIB2 の最大 Repetition 回数 (省略時)	1	2	4	8
SIB2 の最大 Repetition 回数 =16	1	4	8	16
SIB2 の最大 Repetition 回数 =32	1	4	16	32

また、CAT-M の PDSCH で使用される OFDM シンボルは Legacy LTE の PDCCH で使用している領域が使用できませんが、CAT-M では PDCCH 使用領域を示す PCFICH を受信できないため、明示的に使用できない OFDM シンボルの領域が SIB1 で通知されている場合はその範囲。そうでない場合は PDCCH で使用する可能性のある最大範囲の RE は CAT-M の PDSCH に割り当てられません。

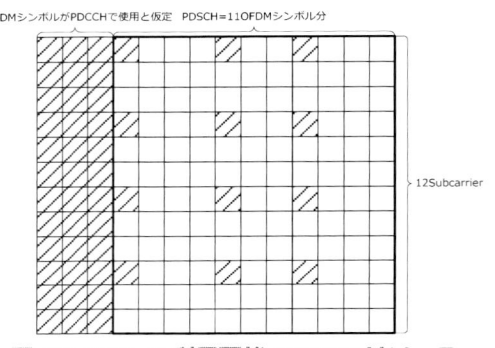

図 76 CAT-M 利用可能 PDSCH リソース

7.3.3 PUSCH の Repetition と周波数位置

ほとんど PDSCH の動作と同じで SIB2 で PUSCH の Repetition 回数テーブルのうちのどのテーブルを使うかの情報(最大 Repetition 回数)が CE Mode ごとに通知されます。そのテーブルとテーブル内のどの値を使用するかを MPDCCH で指定することによって、半動的に Repetition 回数が指定されます。具体的には以下が CE Mode A の Repetition 回数テーブルの情報です。見ての通りで PDSCH のテーブルと全く変わらず、例えば SIB2 で最大 Repetition 回数が 16 回に指定された状態で MPDCCH にて n3 が指定されると Repetition 回数は 16 回になります。また、MPDCCH で PUSCH 送信をする NB と PRB も指定されるため、PUSCH の周波数位置で特に注意する事項はありません。

表 13 PUSCH の Repetition 回数

	MPDCCH 通知インデックス=n1	MPDCCH 通知インデックス=n2	MPDCCH 通知インデックス=n3	MPDCCH 通知インデックス=n4
SIB2 の最大 Repetition 回数 (省略時)	1	2	4	8
SIB2 の最大 Repetition 回数 =16	1	4	8	16
SIB2 の最大 Repetition 回数 =32	1	4	16	32

7.3.4　HARQ ACK/NACK(PUCCH Format 1a と MPDCCH)

CAT-M では一度に送受信できる PRB 数が 6 であるため、PHICH を使用できないと既に説明してありますが、ではどうやって UL 送信に対する HARQ ACK/NACK を UE に通知するのでしょうか？CAT-M では Legacy LTE の PDCCH を使用した Adaptive 再送の仕組みを使う様になっています。ただし、例外があって Legacy LTE の PDCCH での Adaptive 再送を使用して HARQ ACK/NACK を伝えるやり方は UE に必ず UL リソース割当を実施するため、再送を実施するか、あるいは新しい UL スケジューリングがその後に控えている場合にのみ可能でした。CAT-M ではそれを踏まえ HARQ ACK についてはフィードバックを返しません。つまり、MPDCCH で再送が指示されなかった場合、PUSCH 送信は成功とみなされます。※:シーケンスをここでは記載しないため、次のトピックの *7.3.5.REPETITION* 使用時のスケジューリングタイミングとまとめで確認しましょう。

今度は逆方向の DL 送信に対する HARQ ACK/NACK を考えてみましょう。これについては Legacy LTE の PUCCH Format 1a(2Transport Block 送信がないため、Format1b はない)が使えます。または PUCCH 送信タイミングと PUSCH 送信タイミングがぶつかってしまった場合は PUSCH で送信することになります。CAT-M 特有というわけではなく、EPDCCH と共通の事項ですが、MPDCCH は PDCCH の CCE 位置を元にした暗黙的な PUCCH Format 1a のリソース決定ができないため、MPDCCH の設定時の RRC Connection Setup/RRC Connection Reconfiguration でオフセット値を通知し、そのオフセット付きで計算した値を元にしてリソース決定をする必要があります。また、PUCCH も Repetition をサポートしており、Repetition 回数は UE の CE Mode に対応した形式で RRC Connection Setup/RRC Connection Reconfiguration で通知され、PDSCH や PUSCH と違って通知された回数がそのまま用いられます。PUCCH は元からカバレッジ限界のボトルネックになることが少なく、Repetition 回数を大きくする必要性が低いからです。※:シーケンスここでは記載しないため、次のトピックの *7.3.5.REPETITION* 使用時のスケジューリングタイミングとまとめで確認しましょう。

7.3.5　Repetition 使用時のスケジューリングタイミングとまとめ

Legacy LTE では PDCCH による DL スケジューリングは同一サブフレーム、PDCCH による UL スケジューリングはその 4 サブフレーム後でスケジューリングがなされ、HARQ ACK/NACK は PUSCH/PDSCH 送信の 4 サブフレーム後でした。しかし、CAT-M では PDCCH が使えないため、MPDCCH を使用します。また、Repetition があるためタイミングがずれます。基本的には Repetition の最後のタイミングをベースにしたタイミングを使用した Legacy LTE の動作と同様になります。

まずは DL スケジューリングについてみてみましょう。DL スケジューリング向けの MPDCCH を Repetition 回数送信し、その最後の送信の 2Subframe 後に PDSCH の送信が開始されます。また、PDSCH の Repetition の最後の回数の送信の 4Subframe 後に PUCCH Format 1a での HARQ ACK/NACK フィードバック送信が開始される流れとなります。DL は非同期再送のため、任意のタイミングで MPDCCH によって再送が開始されます。

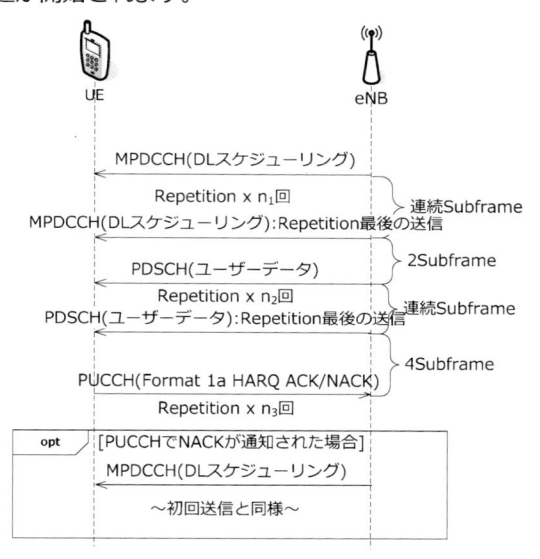

図 77 DL スケジューリングタイミング

例外事項として、UE 共通送信内容や Legacy LTE の機能との関連で CAT-M として使えない Subframe はスキップ(送信せず、延期もしない)の扱いになります。

次に UL を見てみましょう。UL については特に変わった事項はなく、Repetition の最後の送信タイミングで Legacy LTE のタイミングを適用したものとなります。具体的には PUCCH Format1 で Scheduling Request を送信する動作は Repetition で複数回送信するようになったのみです。次に MPDCCH で UL スケジューリングを Repetition 回数分繰り返して送信します。UE はその Repetition 回数の最後の回の 4Subframe 後に PUSCH の送信を開始し、Repetition 回数だけ送信します。Repetition の最後の回の 4Subframe 後に eNB は再送が必要であれば MPDCCH で再送スケジューリングを開始します。

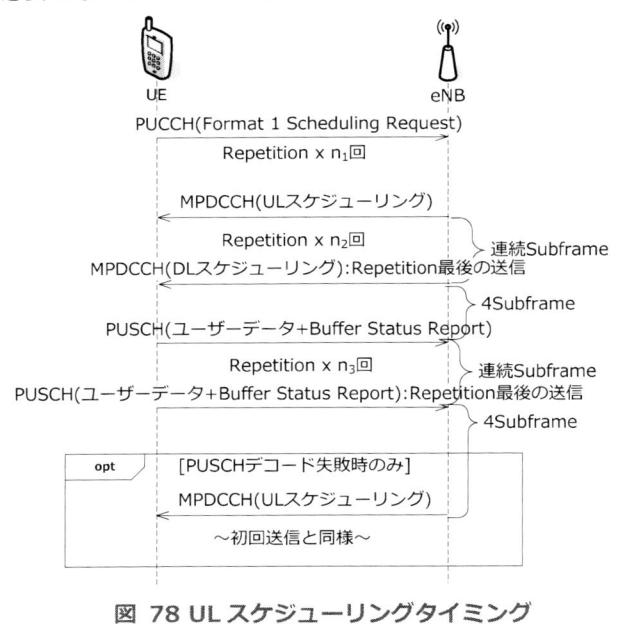

図 78 UL スケジューリングタイミング

7.4 SIB-BR 送信

　CAT-M では同時送受信可能な周波数帯域が 6PRB に制限されていることから、Legacy LTE の SIB を送受信することができません。そのため、CAT-M 向けに新しい SIB として SIB-BR(Bandwidth Reduced)が用意されています。送受信の仕方が異なるだけで、メッセージフォーマットとしては通常の SIB と同様のものになります(もちろん、通常の SIB には Legacy LTE 向けの情報を載せ、SIB-BR 側にだけ CAT-M 向けの情報を載せるのが普通の使い方です)。また、Legacy LTE では全周波数帯域の PDCCH をモニタリングすることによって、SIB の受信が可能でしたが、CAT-M では利用可能な周波数帯域と同時モニタリング可能な周波数幅が異なります。そのため、MPDCCH 無しでリソースを固定的に割り当てるか、MPDCCH 向けで使用する NB 固定されているか、あるいは明示的に指示されなければ UE は SIB を受信することができません。ここではどうやって SIB-BR を送受信するかを見ていきます。

7.4.1 SIB1-BR

CAT-M では PBCH に Repetition と SIB1 の Transport Block Size を指定するための Index を通知し、タイミングや NB 位置についてはリソースを固定的に割り付けて MPDCCH 無しでスケジューリングするようにしています。以下が Repetition と Transport Block Size を指定する Index の表になります(PRB 数は 1 つの NB を使い切るため 6PRB 固定です)。ここでの Repetition は 8Frame=80msec に何回 SIB1 を送信するかという意味の Repetition で Legacy LTE では 4 回送信していたものの頻度を増やせるということです。また、後述する制約で周波数幅が 3MHz 以下の場合は Repetition x 4 のみが選択可能です。

表 14 PBCH で送信される SIB1-BR のスケジューリング情報

Index	Transport Block Size	Repetition
0(CAT-M 無効値)	-	-
1	208	4
2		8
3		16
4	256	4
5		8
6		16
7	328	4
8		8
9		16
10	504	4
11		8
12		16
13	712	4
14		8
15		16
16	936	4
17		8
18		16
19〜31	Reserved	Reserved

次に SIB1 の NB ですが PCI と周波数幅に対応した NB 数をベースにして次の式で算出されます。SIB1 は周波数ホッピングが前提になっており、ここでの i は周波数ホッピングのインデックスになり、i は 0〜m-1 の m パターンあります。つまり、Bandwidth が 1.4MHz は当然ですがホッピングなし、3M〜10MHz まではホッピングで 2 つの NB を使い、20MHz はホッピングで 4 つの NB を使うことになります。ただし、例外規定があり、周波数幅 5MHz 以上のケースでは PSS/SSS/PBCH と周波数を重複させないため、中央の NB については使わない様になっています。そのため、NB 数は中央の NB を除いた形式で算出されることと、インデックスの振り方は除外したものを飛ばした形でインデックスが振られます。

$$\text{SIB1 使用 NB} = (\text{PCI mod NB 数} + i \times \text{FLOOR(NB 数/m))} \bmod \text{NB 数}$$

表 15 Bandwidth ごとの SIB1-BR 送信定数値

Bandwidth	m	NB 数
1.4MHz	1	1
3MHz	2	2
5MHz	2	4
10MHz	2	6(8-2)
20MHz	4	14(16-2)

わかりづらいと思いますので、周波数幅 10MHz の PCI0〜6 の例を見てみます。ここでの NB のインデックスは中央のものを除いていない NB0〜NB7 表記のものです。

表 16 10MHz 幅の際の SIB1-BR 使用 NB

PCI	i=0	i=1
0	NB0	NB5
1	NB1	NB6
2	NB2	NB7
3	NB5	NB0
4	NB6	NB1
5	NB7	NB2
6	NB0	NB5

次に SIB1 の送信 SFN/Subframe ですが、PBCH で通知された Repetition 回数と PCI に従って次の様に指定されます。3MHz 以下のケースでは Repetition x 4 のみがサポートされており、次の表で示されるタイミングで送信されます。

表 17 1.4MHz,3.0MHz 幅の際の SIB1-BR の Repetition パターン

PCI	SFN	Subframe
偶数(PCI mod 2 = 0)	SFN mod 2 = 0	4
奇数(PCI mod 2 = 1)	SFN mod 2 = 1	4

5MHz〜のケースでは次の通りです。

表 18 5.0〜MHz 幅の際の SIB1-BR の Repetition パターン

Repetition 回数	PCI	SFN	Subframe
4	偶数(PCI mod 2 = 0)	SFN mod 2 = 0	4
	奇数(PCI mod 2 = 1)	SFN mod 2 = 1	4
8	偶数(PCI mod 2 = 0)	SFN mod 2 = 0,1 両方	4
	奇数(PCI mod 2 = 1)	SFN mod 2 = 0,1 両方	9
16	偶数(PCI mod 2 = 0)	SFN mod 2 = 0,1 両方	4,9
	奇数(PCI mod 2 = 1)	SFN mod 2 = 0,1 両方	0,9

周波数幅 10MHz、Repetition x 8 で PCI が 0 の場合を考えてみましょう。以下の図の網掛け部分が SIB1 送信 Subframe と NB になります。

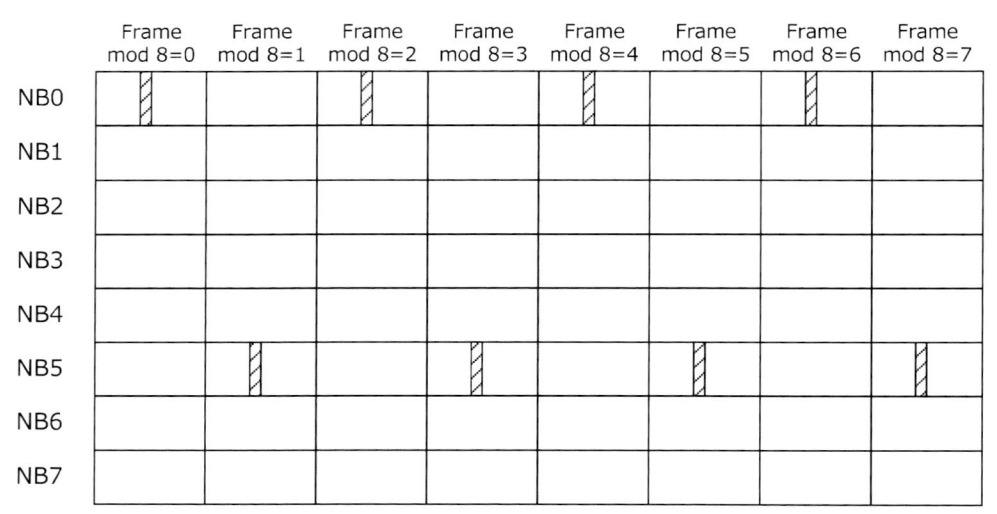

図 79 SIB1-BR スケジューリングタイミング

次に SIB1 の PDSCH のデコードを考えます。Legacy LTE では PCFICH を見て PDCCH で使用している OFDM シンボル数を判断し、残りの PDSCH で使用できる OFDM シンボルを判断していましたが、CAT-M では 6PRB の制約から受信することができないため、このタイミングでは PDCCH で使用している OFDM シンボル数が最大だと仮定して動作します。つまり、セルの周波数幅が 1.4MHz の場合は 4OFDM シンボル、それ以外の場合は 3OFDM シンボルが PDCCH で使用されていると仮定して動作します。セルの周波数幅が 10MHz の際の 1PRB 分の例で示すと次の図の様になります。

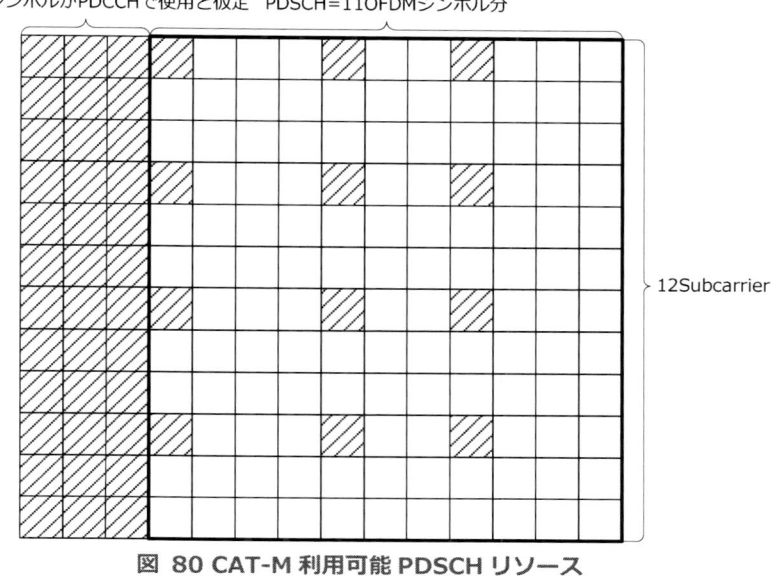

図 80 CAT-M 利用可能 PDSCH リソース

7.4.2　SIB1-BR 以外の SIB

SIB1-BR 以外の SIB については SIB1-BR で通知されているスケジューリング情報に従って送信されます。SIB1-BR 以外の SIB についても MPDCCH を使用したリソース割当ではなく、SIB1-BR で半静的にリソースを割り当てる形式となっています。通常の SIB 送受信と同様にして SIB 送信周期の情報と CAT-M 向けに長い時間に拡張された SI-Window の通知があり、送信タイミング設定については Subframe0 で送信することを除けば、ほぼ Legacy LTE と同様です。具体的な送信 SFN/Subframe の規定は次のとおりです。

SFN mod SIB 送信周期 ＝ FLOOR(x/10)となる SFN の Subframe0 が SIB の送信開始タイミング

ここで x = (SIB1 のスケジューリング情報グループインデックス-1) x SI-Window

次に CAT-M 特有の情報として使用する NB 指定、Transport Block Size の指定、Repetition パターンの情報が載ってきます。また、SIB1-BR と同様に 1 つの NB 全体の 6PRB を使用するため PRB 指定情報はありません。Repetition パターンは複雑なパターンではなく、SI-Window 内の全 Frame で送信するか、2Frame 間隔、4Frame 間隔、8Frame 間隔で送信するかのいずれかとなります。ここで Repetition のパターンと SI-Window の設定は全 SIB 共通設定となります。他の項目についてはスケジューリンググループ単位で設定が可能です。

例として SIB3 が SIB1 のスケジューリング情報グループの 2 番めに指定されていて、周期が 80msec、Repetition パターンが 2Frame 間隔設定、SI-Window が 40msec のケースを考えてみます。以下の図の網掛け部分が SIB3 のスケジューリング位置になります。見ての通りなのですが SI-Window が狭いと Repetition パターンで密度が高いものを選択したとしても SIB 送信回数は少ないです。また、スケジューリングは Frame 単位で実施されます。つまり、次の図で SIB3 を送信している場合、送信 Frame の使用不可な Subframe を除いてすべての Subframe で SIB3 が送信されます。使用不可な Subframe は送信がスキップされます。(例えば Repetition 回数の 5 回めの部分で使用不可だった場合、その次の Subframe で送信されるのは 5 回めの Repetition 送信ではなく、6 回めの Repetition 送信になります。)

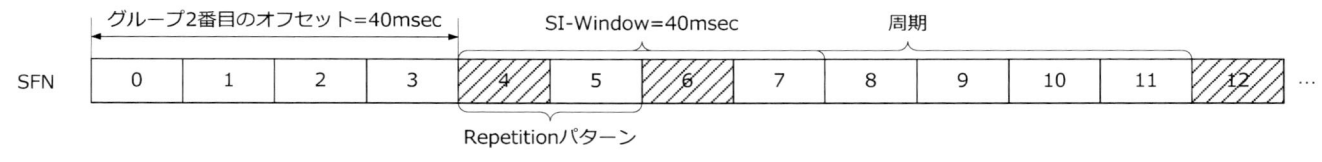

図 81 SIB1 以外のスケジューリング例

SIB を送信する NB は SIB1 に載ってくると説明しましたが、SIB の送信は周波数ホッピングも許容しているため、周波数ホッピングを使う場合は単純に SIB1 の NB 以外の NB も使用されます。ここではホッピングの説明はしません。

7.5 Paging 送信

7.5.1　CAT-M 向け Paging

CAT-M では同時送受信可能な周波数帯域が 6PRB に制限されていることから Legacy LTE の Paging を送受信することができません。そのため、CAT-M UE に対しては 6PRB に割り当てを制限された専用の Paging が用意されています。送受信の仕方が異なるだけで、メッセージフォーマットとしては通常の Paging と同様のものになります。また、Legacy LTE では全周波数帯域のPDCCH をモニタリングすることによって、Paging の受信が可能でしたが、CAT-M では同時モニタリング可能な周波数幅は 6PRB となるため、同じ受信の方式は使えません。

また、SIB-BR とは異なり、Paging で通知する UE 数に応じて送信サイズが変化することと、Paging を送信するトリガー(例えば、外部ネットワークから CAT-M UE への通信要求)が発生しなければ Paging 送信が発生しないため固定的に割り当てるのは非効率になりがちです。そのため、Paging 向けには固定でなく、MPDCCH を使用してスケジューリングを実施します。具体的には SIB2で通知される Paging 向け MPDCCH 数、UE 単位の Paging 周期(NAS で個別通知があった場合は上書き)、セルとしての Paging 密度係数と UE の ID(IMSI)を用いて、次の計算式で MPDCCH が使用する NB、SFN(Subframe は例外ケースを除いて 5MHz 幅以上で 9、それより小さい場合は 5 固定)を決定ます。Paging の負荷を分散させるために Paging のタイミングを UE 毎にずらしてあり、UE_ID のハッシュ値を用いてタイミングをずらす仕組みになっています。

$$\text{Paging 使用 NB(中央 6PRB にヒットする NB を除外したセットから選択)} = (\text{PCI} + \text{Paging 使用 NB}_{index}) \bmod N^S_{NB}$$

$$\text{Paging 使用 NB}_{index} = \text{floor}(\text{UE\_ID ハッシュ}/(N*N_S)) \bmod N_n$$

$$\text{Paging 受信 SFN: SFN} \bmod T = (T / N) \times (\text{UE\_ID ハッシュ} \bmod N)\text{を満たす SFN}$$

ここで

N^S_{NB}:中央 6PRB にヒットする NB を除外した NB 数

N:$\text{Min}(T,nB)$、

N_s:$\text{Max}(1, nB/T)$、

N_n:Paging 向け MPDCCH 数、

T:UE 単位の Paging 周期、

nB:セルとしての Paging 密度

UE_ID ハッシュ:IMSI mod 4096(Legacy LTE と異なるので注意)

とてもややこしいので、まず、UE 単位の Paging 周期とセルとしての Paging 周期を見てみましょう。UE 単位の Paging 周期はその名前の通り、UE は Paging 向けの MPDCCH を定期的にサーチしており、その周期は NAS メッセージで個別通知がない限りは SIB2 で通知された値が用いられます。NAS メッセージで個別通知がある場合はその個別通知された値が用いられます。

図 82 特定 UE の Paging 間隔例

次にセルとしての Paging 密度係数ですが、セルとして Paging を送信するチャンスがどれだけあるかを示す係数で、この値が大きいほど、セルとして Paging を送信するチャンスが増えます。具体的に言うと、nB=T の場合はすべての Frame 内で 1 つの Paging送信チャンスがあります。nB=1/2T の場合は 1 つおきの Frame 内で 1 つの Paging 送信チャンスというように、分母の大きさが2 倍になると Paging 送信チャンスが半分になるような仕組みになっています。幾つかの例を示すと次のとおりです。また、当然ですが、UE 単位の Paging 周期よりセルとしての Paging 周期を長くすることはできません。

表 19 セル単位の Paging 密度

	Paging 送信チャンス
nB=4T	すべての Frame 内の 4Subframe で Paging 送信開始のチャンスがある。
nB=1T	すべての Frame 内の 1Subframe で Paging 送信開始のチャンスがある。
nB=1/2T	2Frame 間隔で Paging 送信開始のチャンスがある。
nB=1/4T	4Frame 間隔で Paging 送信開始のチャンスがある。
…	…
nB=1/256T	256Frame 間隔で Paging 送信開始のチャンスがある。

以下の図は nB=1/4T のケースの例です。次の様にセル単位で見ると 4Frame 間隔で Paging の送信チャンスがあり、それぞれの Frame に特定の UE が割り付けられています。

図 83 セル単位の Paging 間隔例

次に UE ごとのオフセット SFN(つまり、どの Frame にどの UE を割り付けるか)を見てみましょう。このオフセット SFN と言うのは例えばオフセット SFN=0 であれば、SFN=0,T,2T,3T…。オフセット SFN=1 であれば、SFN=1,T+1,2T+1,3T+1…という様に SFN=0 からどれだけのオフセットだけずらして UE の Paging タイミングが発生するかを示したものです。

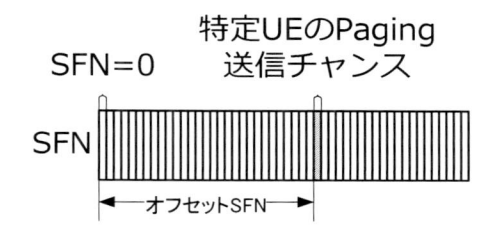

図 84 特定 UE の Paging のオフセット SFN 例

では実際にオフセット SFN を見ていきましょう。仕組みとしては UE_ID のハッシュ値でタイミングを等間隔で分割するやり方で各 UE にオフセット SFN を割り振っているだけになります。例えば、T=64、nB=1/4T だとすると、4Frame 間隔で UE を配置していくことができ、かつ 64Frame 内(64Frame ずれると UE が次の Paging タイミングをむかえる)に UE を配置すれば良いので、等間隔で分割すると次のようになります。

表 20 Paging の UE ごとのオフセット SFN

	UE_ID ハッシュ値
オフセット 0SFN の UE	0,16,32,48…
オフセット 4SFN の UE	1,17,33,49…
オフセット 8SFN の UE	2,18,34,50…
…	…
オフセット 56SFN の UE	14,30,46,62…
オフセット 60SFN の UE	15,31,47,63…

例外事項として、nb > T の場合は Frame 内で複数の Paging 送信開始チャンスを作る必要が有るため、複数 Subframe での送信が規定されています。ただし、CAT-M では Repetition を使用して Paging を送信するため、通常は使用されません。

表 21 1Frame で複数 Paging を送信する際の割り当て Subframe

	Subframe
nB=2T	4,9
nB=4T	0,4,5,9

NBの割り当てについてもほぼ同様で Paging 向け MPDCCH 数が複数の場合は UE 毎にそれらを分散し、割り当てる仕組みです。二段階になっており、NB の index を取得し、その後割り当てる形式になります。この目的もオフセット SFN と同様に負荷分散を目指したいためなので、オフセット SFN で分散させた後に NB の分散をした形式になります。T=64、nB=1/4T で、2NB に分散させる形式で実施したとすると、次のようになります。各オフセット SFN に割り当てられた要素を使用できる NB 数間隔で等分配しているというのがわかるかと思います。

表 22 Paging の UE ごとのオフセット SFN と NB

	UE_IDハッシュ値(NB index0への割り当て)	UE_IDハッシュ値(NB index1への割り当て)
オフセット 0SFN の UE	0, 32,…	16,48,…
オフセット 4SFN の UE	1, 33,…	17,49,…
オフセット 8SFN の UE	2, 34,…	18,50,…
…	…	…
オフセット 56SFN の UE	14,46,…	30,62,…
オフセット 60SFN の UE	15, 47,…	31,63,…

次に実際の NB への割り当てですが、SIB1 と同様に中央 6PRB にかかる NB は使用できないため、先程の表と同じように 2NB が使用できるとすると次のような割り当てになります。SIB1-BR はホッピング前提の仕様となっていますが、Paging はホッピングがオプションのため、ここではホッピングなしの割り当てを示しています。

表 23 Paging 向け MPDCCH の NB 選択

PCI	NB index0	NB index1
0	NB0	NB1
1	NB1	NB2
2	NB2	NB5
3	NB5	NB6
4	NB6	NB7
5	NB7	NB0
6	NB0	NB1

ここまでで、Paging 向けの Repetition を除いた MPDCCH を受信する仕組みがわかりました。では次に Paging 向けの MPDCCH の Repetition と PDSCH について見ていきましょう。MPDCCH の Repetition 回数の指定の方式は他のケースと変わらず、SIB2 で Max の Repetition 回数を指定し、それに対応してありえるパターンに対してブラインドデコードを実施します。

表 24 Paging 向け MPDCCH の Repetition 回数

SIB2 通知の Max 回数	実際に取れるパターン
256	2,16,64,256
128	2,16,64,128
64	2,8,32,64
…	…
4	1,2,4
2	1,2
1	1

次に Paging 向け PDSCH を受信する事になりますが、MPDCCH の中で NB が指定され(PRB の位置は通知せず、指定した NB の 6PRB を使用する)、かつ Repetition 回数 index も通知されます。この場合の Repetition 回数 index は専用の特殊値になっており、MPDCCH の Repetition 回数のインデックスを Max Repetition 回数として扱うような動作となります。つまり、MPDCCH の Repetition 回数のインデックス x MPDCCH で明示的に通知される PDSCH の Repetition 回数インデックスで PDSCH の送信回数が決定されます。具体的には次の表の様に決定されます。

表 25 Paging 向け PDSCH の Repetition 回数

MPDCCH の Repetition 回数インデックス(≒ Max 回数のインデックス)	PDSCH の Repetition 回数 Index=n1	PDSCH の Repetition 回数 Index=n2	PDSCH の Repetition 回数 Index=n3	PDSCH の Repetition 回数 Index=n4	PDSCH の Repetition 回数 Index=n5	PDSCH の Repetition 回数 Index=n6	PDSCH の Repetition 回数 Index=n7	PDSCH の Repetition 回数 Index=n8
0	1	2	4	8	16	32	64	128
1	4	8	16	32	64	128	192	256
2	32	64	128	192	256	384	512	768
3	192	256	384	512	768	1024	1536	2048

他の要素については通常の MPDCCH でスケジューリングされる PDSCH 受信と同様で、MPDCCH の最後の Repetition 送信 +2Subframe が PDSCH の送信開始位置となります。

7.5.2　Notification としての Paging の扱いの変更

Legacy LTE では即時反映が求められるような SIB で通知される UE 共通のパラメータ設定や、ETWS(Earthquake Tsunami Warning System。SIB10,SIB11 で緊急地震速報を送る仕組み。通常時は送信せず、必要なときだけ Paging を送信して UE に存在を通知する)の通知に Paging メッセージを使用していました。しかし、前述したとおり Paging メッセージを受信するためには MPDCCH 受信をして、PDSCH を受信してとかなりの手間がかかるのに対して、送りたい情報は SIB に更新があることや、SIB10、SIB11 を受信するように指示するだけだったりします。そこで、CAT-M では Direct Indication というメカニズムを設け、その名の通り RRC メッセージを使用せず、MPDCCH だけで更新通知ができるような仕組みを設けています。以下の例では MPDCCH で ETWS 送信があることを通知し、受信する動作です。これにより、Paging メッセージを使用するよりも早く、リソースを消費せずに更新通知することが可能になります。

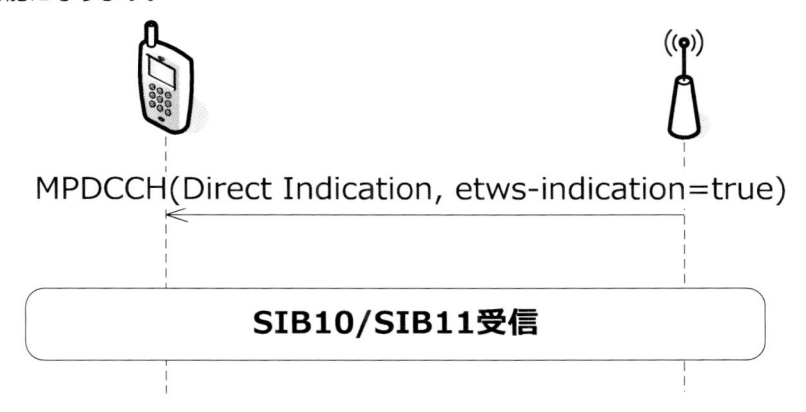

MPDCCH(Direct Indication, etws-indication=true)

SIB10/SIB11受信

7.6 RACH 手順中

RACH 手順中は Legacy LTE と同様に UE 個別のスケジューリングや設定ができないため、RACH Response、Message3、Message4 向け MPDCCH の最大 Repetition 回数についても RACH と同様に SIB2 で通知されます。また、CE Level ごとに違った最大 Repetition 回数が設定できるのも RACH と同じです(実際の Repetion 回数は UE 個別のスケジューリングと同様にブラインドデコード)。また、Repetition と同様にして RACH Response、Message3、Message4 向け MPDCCH で使用する NB も SIB2 で通知されます。

ここでは RACH 手順で使用する Repetition 回数とそれぞれのタイミングを見ていきます。以下のシーケンスの通り、ほとんどは他の手順とタイミングは同じです。唯一 RACH Response でスケジューリングされる Messsage3 に注意する程度です。

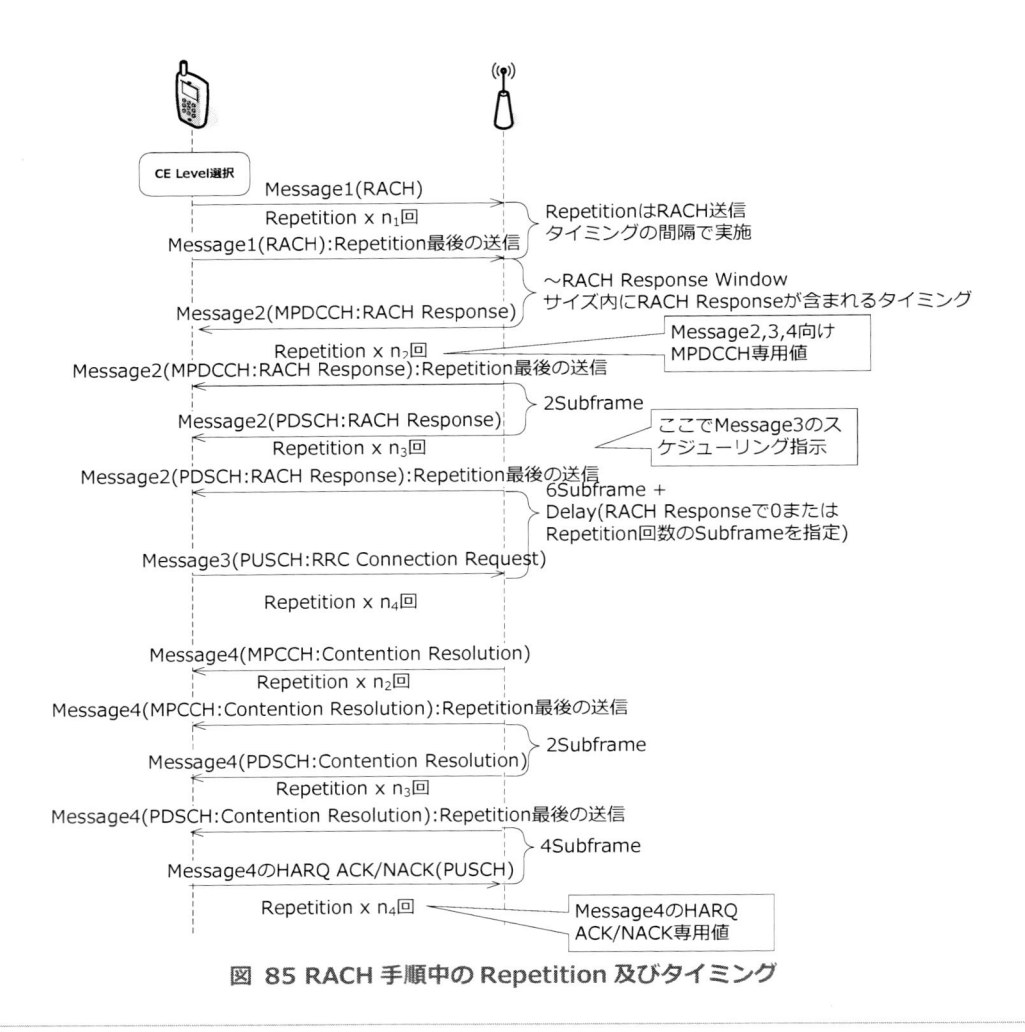

図 85 RACH 手順中の Repetition 及びタイミング

7.7 CE ModeA と CE ModeB の機能的な差分

　CE Mode A と CE Mode B で幾つか扱いが違ってくるものがあります。特に CE Mode B はカバレッジの限界にいる前提となるため、通信効率は最低な状態でかつ UL 送信電力は最大になっているとみなされます。そのため、CE Mode B では次の機能が無効となります。

- UL 電力制御(常に最大送信電力設定)
- Periodic CQI(PUCCH Format2 を送信しない。将来的な拡張のために PUCCH Format2 向けの Repetition 回数だけは通知される)

　詳細を言えば、CE Mode A と CE Mode B で Repetition の際に RV(Redandancy Version)の送信順序が異なるなど複数の差分がありますが、大きな機能単位で落とされているものは上記の二つとなります。

8　カバレッジに影響するその他の事項

CAT-M CE Mode A では Legacy LTE と比較して+5dB のカバレッジゲインが得られるように、CE Mode B では Legacy LTE と比較して+20dB のカバレッジゲインが得られる様に仕様が策定されており、主なカバレッジゲインは Repetition によるものになっていますが、それ以外の要素についてここで説明します。

8.1　PDCCH で使用する OFDM シンボル

Legacy LTE では PDSCH で使用できる OFDM シンボル数は PCFICH で通知される PDCCH で使用する OFDM シンボル数で決定されるメカニズムでした。しかし、CAT-M では PCFICH を受信することができないため、SIB で明示的に通知されている場合はその値、そうでない場合は PDCCH で使用する OFDM シンボルを最大数とみなして動作しています。

CFI の値は通常、負荷に応じて変化させることができるため、負荷が小さい場合は PDCCH で使用する OFDM シンボル数は 1 にすることができます。その場合、以下の図のように Legacy LTE では PDSCH に 13OFDM シンボル分のリソースが割り当てられることになりますが、CAT-M ではその恩恵にあずかれないので、通常のケースでは 11OFDM シンボル分のリソースしか使用できません。

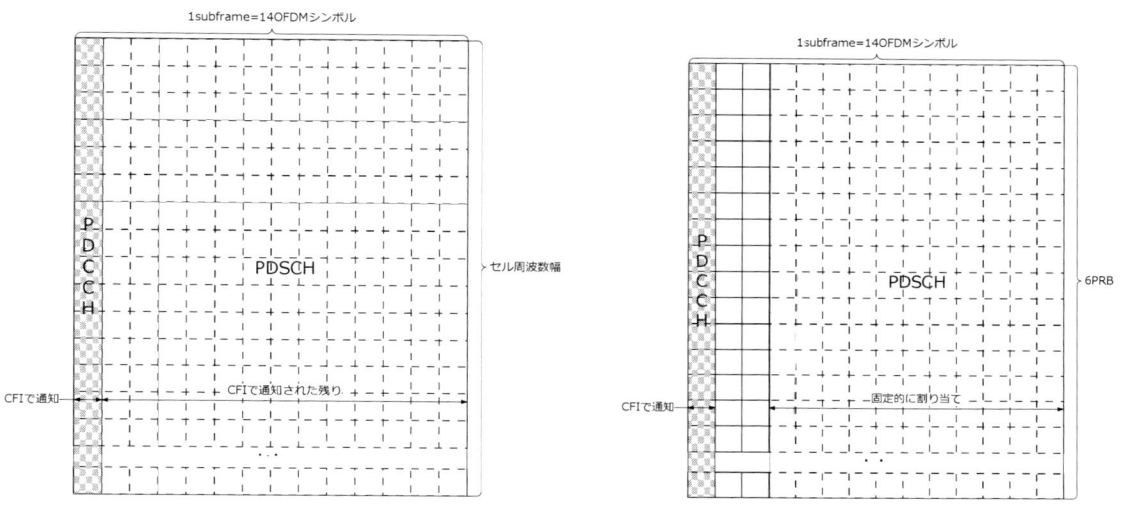

図 86 Legacy LTE と CAT-M での PDSCH リソース量

8.2　MPDCCH の DM-RS 影響

ここまで見てきたとおり、CAT-M では LTE で使用されている EPDCCH を拡張した MPDCCH を使用して UE に対してリソース割当を実施します。これは Legacy LTE の PDCCH が 6PRB 以上の周波数帯域に渡っていて CAT-M では使用できないことと、その PDCCH で使用しているリソースは使えないため、PDSCH で使用している領域を使う EPDCCH を拡張せざるを得ない事情があります。次にここまでは詳細に触れてきませんでしたが、PDCCH では RE を 4 つまとめた REG(Resource Element Group)、それを 9 個まとめた CCE(Control Channel Element)という単位で DCI(Downlink Control Information)の送信に使用します。しかし、大抵の DL RF 環境の場合 1 つの CCE では送信するデータ量に対して SINR が低すぎることが多いです。その場合には CCE を複数個まとめて送信する仕組みとなっています。そのまとめる数のことを Aggregation Level と呼び、PDCCH では 1,2,4,8 の 4 パターンが定義されています。つまり、Aggregation Level1 では 36RE、2 では 72RE、4 では 144RE、8 では 288RE で送信することになります。

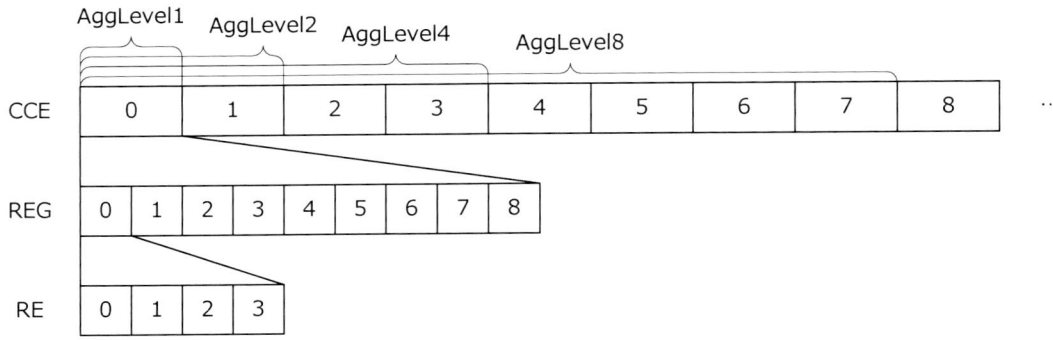

図 87 PDCCH CCE,REG,RE の関係

一方、EPDCCH を元にした MPDCCH 送信には PDCCH で REG に相当する eREG、CCE に対応する ECCE を使用し、送信します。eREG と ECCE は REG、CCE と異なり、9RE で 1eREG、4eREG で 1ECCE となります。

また、Aggregation Level の最大値も拡張されており、Aggregation Level16、24 が使え、ECCE をそれぞれ 16 個、24 個使います。そのため、Aggregation Level から見ると MPDCCH はより受信しやすいオプションを備えていると言えます。

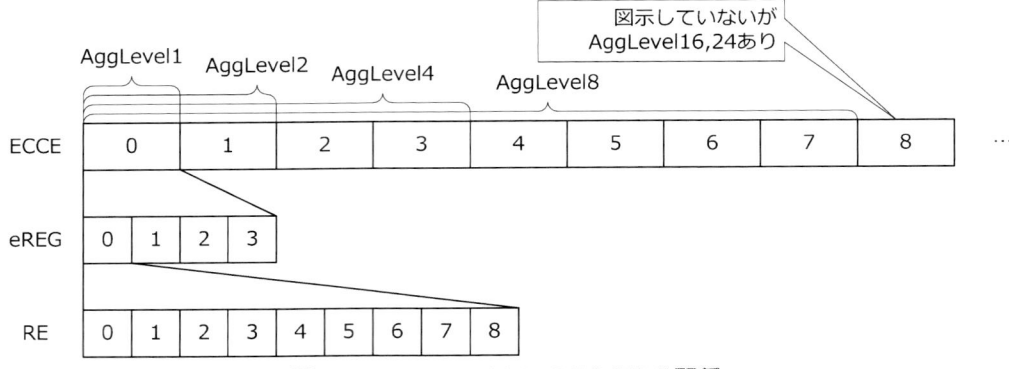

図 88 MDCCH ECCE,eREG,RE の関係

今度は MPDCCH が不利になる点を見てみましょう。EPDCCH はビームフォーミング対応も考慮されているため、PDCCH/PHICH/PCFICH などの Common チャンネルで使用している RE 上にも eREG は配置されます。また、専用のDM-RS(Demodulation Reference Signal)を持っているので、その部分だけスペースとすると 1PRB あたり、16 個の eREG が配置されます。しかし、実際には MPDCCH でビームフォーミングしなければ PDCCH の領域を使うことができません。その場合どうなるのかというと PDCCH で使用している領域分だけ 1eREG あたりの RE 数が少なくなります。

その結果、PDCCH と同じ Aggregation Level でも MPDCCH は使用できる RE 数が少ないため、同じ Aggregation Level で比較した場合の MPDCCH のデコード成功率は低くなります。以下の図がすべての領域を使えた場合の 1PRB に対する eREG の配置と、使えない領域を考慮した場合の差分です。

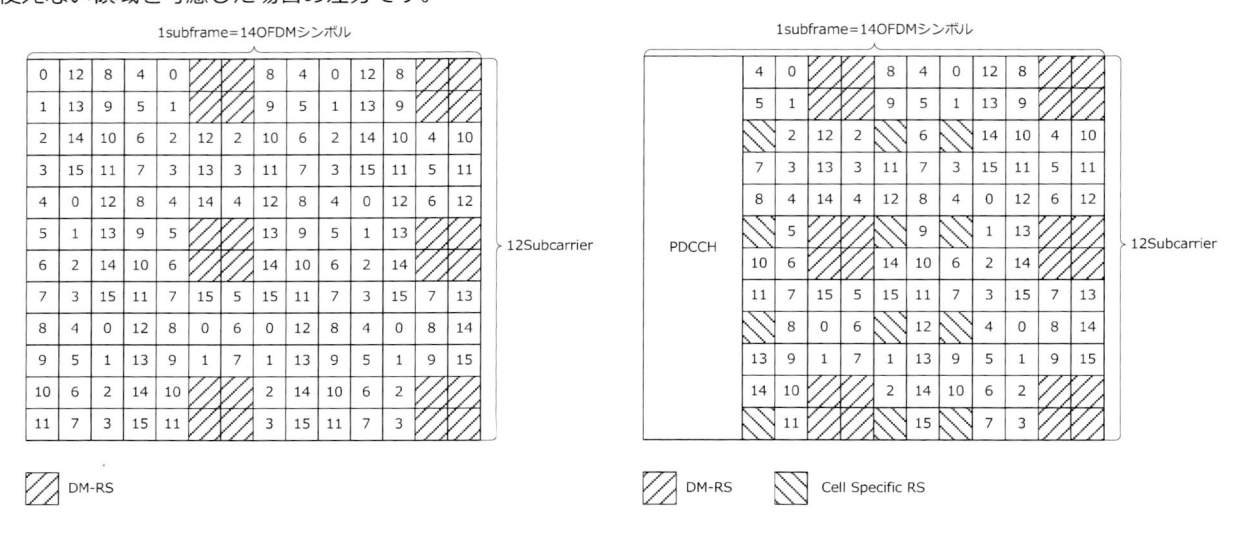

図 89 eREG と RE 配置の関係

8.3 DL Power Spectrum Density

　通常、CAT-M は Legacy LTE eNB の SW アップデートで提供されます。また、Legacy LTE eNB は CAT-M の同時送受信帯域より広い帯域をサポートしています。そのため、CAT-M で使用する DL 帯域に対して、送信電力の密度を高めることによって、DL 送信性能を高めることが可能です。実際にはいろいろな制約事項はついて回りますが、Legacy LTE 側の周波数帯域で送信内容が少ない場合は、CAT-M の帯域に電力を集めて、単純に UE の受信電力が上がるので性能が上がるという仕組みです。

8.4 HW 的な事柄

　2.CAT-M の目的で CAT-M の目的の一つとして UE のコストを下げることを説明しました。そのために CAT-M UE は以下のオプションを選択することができます。これらを踏まえてカバレッジの設計をすることが必要となります。

- 最大 UL 送信電力が 23dBm(約 200mW)ではなく、20dBm(100mW)
- アンテナを 2 本備えておらず、1 本のみのアンテナ
- 性能が比較的低い受信系

　最初の最大送信電力の低下は単純にそれだけのカバレッジ範囲の縮小を招くため、UL3dB 程度のカバレッジ縮小になります。次に LTE の基本の規格では UL で使用するアンテナは 1 本となっているため、アンテナ 2 本と 1 本の差は UE の DL 受信性能に影響を与えます。一般的に受信アンテナ数が多いほど信号の受信電力が上がり、2 本の場合は保守的な見積もりだと 3dB 程度(信号の受信電力が 2 倍になり、3dB≒10*log10(2)のゲインがあるとされます)のゲインとみなされるため、1 本の場合は 3dB 程度 DL カバレッジ縮小になります。また、UE の値段を下げるため、受信系の性能要求も低くなります。具体的には一般的な高周波アンプは増幅時に必ず歪が発生することとアンプ自身がノイズを発生させます。そのため、受信系の性能が低くなるとそれによっても DL カバレッジ縮小の要因になります。

9 その他の CAT-M 通信の詳細事項

ここでは今まで見てきた CAT-M の通信内容を再度細かく見ていきます。

9.1 MPDCCH によるスケジューリング

今まで MPDCCH で送る内容である DCI の詳細について触れてきませんでしたので、ここで詳細な内容を説明します。そもそも、DCI は目的に応じて複数のフォーマットが定義されており、今まで見てきたとおりですが CAT-M では次の DCI Format が使用されます。UE 個別の DL/UL スケジューリングをする際には CE Mode A/B に応じて末尾が A/B の Format が使用されます。

表 26 各 DCI Format の用途

	用途
DCI Format 6-0A	CE Mode A の UE に対する個別 UL スケジューリングを指示するためのフォーマット
DCI Format 6-0B	CE Mode B の UE に対する個別 UL スケジューリングを指示するためのフォーマット
DCI Format 6-1A	CE Mode A の UE に対する個別 DL スケジューリング/RACH 手順実施を指示するためのフォーマット
DCI Format 6-1B	CE Mode B の UE に対する個別 DL スケジューリング/RACH 手順実施を指示するためのフォーマット
DCI Format 6-2	Paging の DL スケジューリングを指示するため、あるいは Direct Information 通知のためのフォーマット

以下を見て下さい。DCI Format6-0A/B で通知される内容です。UL MCS の範囲は Legacy LTE と比較して狭くなっています。これは CAT-M の Transport Block Size の最大値が 1000bit となっているため、UL 送信効率を上げても送れるデータ量の制限に引っかかってしまい意味がないためです。

表 27 DCI Format6-0(CAT-M 向け PUSCH 送信指示)の通知内容

	DCI Format6-0A	DCI Format6-0B	意味
Flag format 6-0A・B/format 6-1A・B differentiation	○	○	DCI Format 6-0A・B と DCI Format 6-1A・B を区別するためのフラグ。0 のときが DCI Format 6-0A・B、1 のときが DCI Format 6-1A・B
Frequency hopping flag	○	-	Frequency Hopping を有効にするかどうかのフラグ。0 が無効、1 が有効
Resource block assignment(使用 Narrow Band Index)	○	○	PUSCH 送信で使用すべき Narrow Band Index。複数の Narrow Band を使用している場合に、どの Narrow Band で PUSCH を送ればよいかの指示
Resource block assignment(割当 PRB 位置＋数の指定)	○	○	対象 Narrow Band 内の PRB の位置と数の指定。5bit で Narrow Band 内の PRB の位置と数を表現する。
UL MCS	○	○	4bit UL MCS(0〜15)を指定する。
Repetition Index	○	○	選択された CE Mode で使われる Repetition 回数テーブルのインデックスを指定する。(CE Mode A では 4 パターン、CE Mode B では 8 パターン)
HARQ Process Number	○	○	この Transport Block を処理すべき HARQ プロセスを指定する。(CE Mode A では 8 パターン、CE Mode B では 2 パターン)
New data indicator	○	○	新規送信か、再送かを指示する。新規送信の場合は同一 HARQ プロセスに対して前回使用した値と逆の値を使用する。(例:新規送信の場合で前回送信に 1 を使った場合は 0 を使用する)
Redundancy version	○	-	4 パターンの冗長バージョン(レートマッチングで落とすビット選択パターンのタイプ)を指定する。
TPC command for scheduled PUSCH	○	-	PUSCH 向け CLPC で UL 送信電力の上げ下げを指示する
CSI request	○	-	Aperiodic CQI をこの PUSCH スケジューリング指示で送信するかどうか。0 は Aperiodic CQI なし、1 が Aperiodic CQI あり。
SRS request	○	-	一時的な SRS をこの PUSCH スケジューリング指示で送信するかどうか、0 は SRS 送信なし、1 が SRS 送信あり。
DCI subframe repetition number	○	○	MPDCCH の Repetition 回数のインデックス。最大 Repeition 回数と組み合わせて実際の Repetition 回数を算出する。

次に DL の個別スケジューリングの場合を見てみます。次が DL の個別スケジューリングの場合の DCI Format6-1A/B に載ってくる内容で、今まで見てきたとおりです。また、DL MCS の範囲は UL と同様に Legacy LTE と比較して狭くなっています。

表 28 DCI Format6-1(CAT-M 向け UE 個別 PDSCH 送信指示)の通知内容

	DCI Format6-1A	DCI Format6-1B	意味
Flag format 6-0A・B/format 6-1A・B differentiation	○	○	DCI Format 6-0A・B と DCI Format 6-1A・B を区別するためのフラグ。0 のときが DCI Format 6-0A・B、1 のときが DCI Format 6-1A・B
Frequency hopping flag	○	-	Frequency Hopping を有効にするかどうかのフラグ。0 が無効、1 が有効
Resource block assignment(使用 Narrow Band Index)	○	○	PDSCH 送信で使用すべき Narrow Band Index。複数の Narrow Band を使用している場合に、どの Narrow Band で PDSCH を送ればよいかの指示
Resource block assignment(割当 PRB 位置＋数の指定)	○	○	対象 Narrow Band 内の PRB の位置と数の指定。5bit で Narrow Band 内の PRB の位置と数を表現する。
DL MCS	○	○	4bit DL MCS(0〜15)を指定する。CE Mode B は 0〜9 のみ有効
Repetition Index	○	○	選択された CE Mode で使われる Repetition 回数テーブルのインデックスを指定する。(CE Mode A では 4 パターン、CE Mode B では 8 パターン)
HARQ Process Number	○	○	この Transport Block を処理すべき HARQ プロセスを指定する。(CE Mode A では 8 パターン、CE Mode B では 2 パターン)
New data indicator	○	○	新規送信か、再送かを指示する。新規送信の場合は同一 HARQ プロセスに対して前回使用した値と逆の値を使用する。(例:新規送信の場合で前回送信に 1 を使った場合は 0 を使用する)
Redundancy version	○	-	4 パターンの冗長バージョン(レートマッチングで落とすビット選択パターンのタイプ)を指定する。
TPC command for PUCCH	○	-	PUSCH 向け CLPC で UL 送信電力の上げ下げを指示する
HARQ-ACK resource offset	○	○	この PDSCH 送信に対する PUCCH HARQ ACK 送信向けのリソースのオフセットを指定する。
DCI subframe repetition number	○	○	MPDCCH の Repetition 回数のインデックス。最大 Repeition 回数と組み合わせて実際の Repetition 回数を算出する。

次に、eNB から RACH 手順を UE に指示する場合のケースを見てみます。eNB から UE に対して、RACH 手順を指示することが可能で、CAT-M では DCI Format6-1A/B を使用して実施します。どういった際に実施されるのかというと、eNB が TA 通知をしてもそれが届かず、UL 同期がはずれてしまったと思われる場合、あるいは CE Level の切り替えで実施される可能性があります。

表 29 DCI Format6-1(CAT-M 向け RACH 実施指示)の通知内容

	DCI Format6-1A	DCI Format6-1B	意味
Flag format 6-0A・B/format 6-1A・B differentiation	○	○	DCI Format 6-0A・B と DCI Format 6-1A・B を区別するためのフラグ。0 のときが DCI Format 6-0A・B、1 のときが DCI Format 6-1A・B
Resource block assignment	○	○	Reserve 向け。1 で埋められる。
Preamble ID	○	○	指示する RACH 手順で使用する Dedicated Preamble ID を指定する。
RACH Mask Index	○	○	指示された Preamble ID を使用して RACH 手順を開始して良いタイミングを指示する。
Starting CE Level	○	○	RACH 手順で使用する CE Level を指示する。
パディング	○	○	サイズ調整のためのパディング。0 で埋められる。

次に Paging 向けの PDSCH スケジューリング時を見てみます。Paging については UE 共通のものとなるため、CE Mode A/B それぞれのフォーマットは存在せず、一つの DCI Format6-2 を使用します。

表 30 DCI Format6-2(CAT-M の Paging 向け PDSCH スケジューリング)の通知内容

	意味
Flag for paging/direct indication differentiation	DCI Format 6-0A・B と DCI Format 6-1A・B を区別するためのフラグ。0 のときが DCI Format 6-0A・B、1 のときが DCI Format 6-1A・B
Resource block assignment(使用 Narrow Band Index)	Paging 向け PDSCH で使用する NB(PRB 数は 6 固定)
DL MCS	3bit DL MCS(0〜7)を指定する。
Repetition Index	DCI subframe repetition number と組み合わせて PDSCH の Repetition 回数を指定する。
DCI subframe repetition number	MPDCCH の Repetition 回数のインデックス。最大 Repeition 回数と組み合わせて実際の Repetition 回数を算出する。また、PDSCH の Repetition 回数の算出にも用いる

9.2 Transport Block Size 決定

Legacy LTE とあまりメカニズムは変わらないのですが、MIB/SIB1-BR で通知される SIB-BR を除いて、Transport Block Size は通信効率を示す MCS と PRB 数の組み合わせで決定されます。ただし、CAT-M UE の制約から 1000bit より大きい Transport Block Size は選択できないため、Transport Block Size が 1000bit を超える MCS、PRB 数の組み合わせは使用されません。また、状況に応じて使用されるテーブルが異なるため、それぞれのケースを見てみます。

CE Mode A の UE に対する個別スケジューリング(DCI Format 6-0A/6-1A)は次の通りになります。Legacy LTE と全く同じテーブルの一部を使う仕様となっています。

表 31 DCI Format6-0A/6-1A(CE Mode A 向けの個別スケジューリング時)の Transport Block Size

MPDCCH で通知された DL MCS	MPDCCH で通知された UL MCS	PRB 数 1	PRB 数 2	PRB 数 3	PRB 数 4	PRB 数 5	PRB 数 6
0	0	16	32	56	88	120	152
1	1	24	56	88	144	176	208
2	2	32	72	144	176	208	256
3	3	40	104	176	208	256	328
4	4	56	120	208	256	328	408
5	5	72	144	224	328	424	504
6	6	328	176	256	392	504	600
7	7	104	224	328	472	584	712
8	8	120	256	392	536	680	808
9/10	9	136	296	456	616	776	936
11	10/11	144	328	504	680	872	-
12	12	176	376	584	776	1000	-
13	13	208	440	680	904	-	-
14	14	224	488	744	1000	-	-
15	15	256	552	840	-	-	-

CE Mode B の UE に対する DL 個別スケジューリング(DCI Format 6-1B)は次の通りになります。Legacy LTE と全く同じテーブルの一部を使う仕様となっています。PRB 数は 4、6 のいずれかとなります。

表 32 DCI Format6-1B (CE Mode B 向けの DL 個別スケジューリング時)の Transport Block Size

MPDCCH で通知された MCS	PRB 数 4	PRB 数 6
0	88	152
1	144	208
2	176	256
3	208	328
4	256	408
5	328	504
6	392	600
7	472	712
8	536	808
9	616	936

CE Mode B の UE に対する UL 個別スケジューリング(DCI Format 6-0B)は次の通りになります。Legacy LTE と全く同じテーブルの一部を使う仕様となっていますが、MCS の解釈は異なり、同じ効率を示す MCS は 2 つありません。また、PRB 数は 3、6 のいずれかとなります。

表 33 DCI Format6-1B (CE Mode B 向けの UL 個別スケジューリング時)の Transport Block Size

MPDCCH で通知された MCS	PRB 数 3	PRB 数 6
0	56	152
1	88	208
2	144	256
3	176	328
4	208	408
5	224	504
6	256	600
7	328	712
8	392	808
9	456	936
10	504	-

Paging の場合は専用のテーブルが用意されており、次の通りになります。Legacy LTE の DCI Format1C で使用していたテーブルの一部を使う仕様となっています。

表 34 DCI Format6-2 (Paging スケジューリング時)の Transport Block Size

MPDCCH で通知された MCS	Transport Block Size[bit]
0	40
1	56
2	72
3	120
4	136
5	144
6	176
7	208

10.1　Idle 時電力削減(Paging 周期拡張と周期 Tracking Area Update 周期拡張)

　IoT 通信では通信する間隔が長くなる可能性があります。例えば、1 週間に一回程度データを報告するようなセンサーだった場合にはほとんどの時間帯は Idle 状態で過ごすことになります。しかし、Idle 状態でも CAT-M は LTE と同様に Paging 受信と周期 Tracking Area Update 手順だけは実施する必要があります(他に使用しているセルの RSRP をモニターして圏内かどうかの判断もしますが、Paging 受信とタイミングを合わせているので、追加の電力消費にはなりません)。

　そこで、この Paging と周期 Tracking Area Update の頻度を削減することによって UE の電池持ちを良くしようという仕様が追加されて、それぞれ eDRX(より細かく言えば、RRC_Connected 状態で適用される Connected DRX もあるため、Idle eDRX です)、PSM(Power Saving Mode)と呼びます。これらの機能は CAT-M 限定というわけではありませんが関連性が強いのでここで説明します。

　eDRX について単純に UE の Sleep 時間を長くして、Paging モニタリングのために RF 機器に通電する時間を短くすれば良いのではないかと思いますが、LTE で管理している時間情報を思い出して下さい。LTE で管理している時間情報は SFN であり、SFN は 0〜1023、つまり 10sec 程度の期間しか管理できません。UE に対してはそれ以上の時刻情報を通知していませんし、既存の LTE 仕組みでは UE にタイミング指示する際には SFN で指定する必要があります。そのため、Paging 間隔は 10sec 以上伸ばすことができません。

　その問題に対する解決策として 1024 SFN=1 H-SFN(Hyper SFN)となるもっと長い周期で時間を通知できる単位を導入しています。H-SFN は SIB1 で eNB の eDRX 対応フラグと一緒に通知されます。H-SFN の範囲は 0〜1023 で約 10000sec と 1000 倍の長さの時間を管理できるようになります(ただし、Paging 周期が長いほど、S-GW 側で他 NW から通知された DL データを長時間バッファで保持しなければならないため、Paging 周期の最大値はそれより小さいです)。あとは既存の Paging と同様で UE にタイミングを指示してやれば動作が可能となります。(もちろん、Paging の周期が長くなる=DL データ到着〜DL データ送信開始の時間が長くなるということなので、NW 側の DL バッファ管理やタイミング管理は複雑になります)

　また、SIB1 で時刻情報を通知してずれないのかという点がありますが、H-SFN は 1024 SFN の単位になり、10.24sec に一度更新されるだけで SIB1 の送信頻度と比較して圧倒的に長いです。そのため、SIB1 で送ることが可能です。

　次に PSM ですが、こちらは UL 通信のみで DL 通信をしないデバイス向け、または高遅延を許容するデバイス向けの機能で RRC Connection Release 直後のタイミングのみしか Paging を待ち受けしません。また、周期 Tracking Area Update の周期を長く設定できるため、周期 Tracking Area Update と Paging をしない完全な OFF 期間を設けることが可能となります。当然ながらその期間は NW 側からの通信開始ができないため、用途は限られますがスマートメーターなどには向いている通信方式となります。

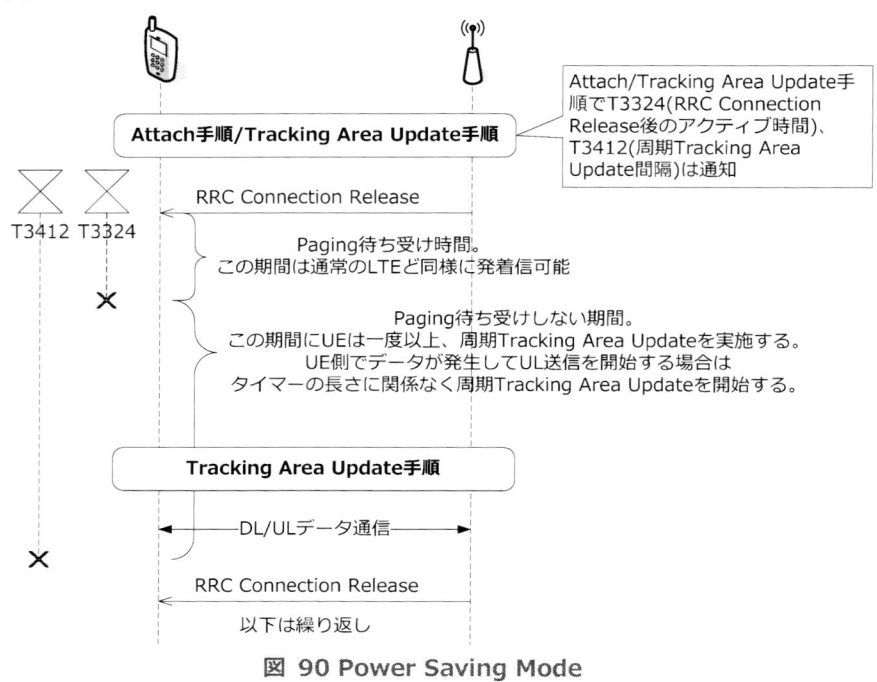

図 90 Power Saving Mode

10.2　シグナリングベースでのユーザーデータ転送

　3G では NAS メッセージで SMS を送受信するというオプションがありましたが、それと同様に CAT-M では SRB だけを設定し、DRB を設定せず、シグナリングの中にユーザーデータを詰めて転送するというオプションがあります。何故かと言うと、IoT 通信の種類によっては定期的にとても小さなサイズのデータを PUSCH 送信するだけというタイプのものがあります。例えば、気象センサーで気圧、温度、湿度を一時間に一度測定して送信すると言うものを考えてみましょう。エンコードの仕方と精度によりますが、気温、温度、湿度はそれぞれ 4byte ずつあれば十分と考えられます。つまり、12Byte だけ送信するためにこの例の IoT デバイスは接続要求を実施します。そうしたケースでは DRB を設定して、そこにデータを通すよりも SRB で通信するメッセージ内にカプセリングして送信するほうが DRB の設定が要らなくなる分容易です。

このオプションを CIoT(C-Plane IoT)と呼びます。

11 LTE の標準化仕様について

　ここまでで CAT-M の仕様について説明してきました。わかりやすさを優先させるため、厳密な説明はかなり省略しています。そこで厳密な動作、仕様を知りたい場合には LTE の標準化仕様を確認することをおすすめします。LTE の標準化仕様は 3GPP(3rd Generation Partnership Project)で規定されています。名前では第三世代携帯電話の 3G を対象にしているように見えますが、2G である GSM、4G である LTE、5G である NR とそれぞれ広い範囲の規格をカバーしています。

　もちろん、携帯電話システムの規格はこれだけではなく、Wifi を拡張させた WiMAX、もう一つの 3G 向け携帯電話システムである CDMA2000 系の規格があります。ただし、政治的・商業的な経緯からこれら二つは 3GPP 規格のシステムにほぼ吸収されている状況です。例えば、CDMA2000 系の規格は後継規格を作らず、LTE に合流させる形式となっていますし、WiMAX は TD-LTE 互換へと LTE に移行しています。

　そのため、実質的には 3GPP の規格を参照すれば現状主流な携帯電話システムが全てカバーできることになります。関連する仕様書は次のとおりになります。幾つか注意すべきことがあります。

- 仕様書は TS(Technical Specification)と TR(Technical Report)に別れており、厳密な意味で仕様書と呼べるのは TS で、TR はその仕様を作るための予備調査などの結果となります。
- 仕様書は Stage1,Stage2,Stage3 と別れており、Stage1 は要求事項をまとめた仕様書となり、Stage2 は Feasibility Study の扱いとなり、Stage3 が厳密な動作・データフォーマットをまとめた仕様書となります。そのため、基本的には Stage3 だけを読めば規定されている動作がわかります。ただし、規定しか書いていないため、経緯や目的が書いておらず、何のための動作や機能なのかを理解することは難しいです。
- 仕様書は一般的な技術仕様書用語になっています。実施が必須であれば Shall、合理的な強い理由がなければ実施すべき事柄は Should、許可されるという意味合いで May,Maybe といった表現が使われます。細かいルールや体裁については TR21.801 に記載があります。
- 仕様書は一般的な技術仕様書の慣例にそっており、項目番号、図表番号については版数が変わっても維持されます。
- それぞれの仕様書に対してリリースはメジャーバージョン番号、マイナーバージョン番号によって管理されており、新しいリリースに対応した UE でないと使えないような機能を追加する場合にはメジャー番号の修正が入ります。また、過去のメジャー番号の版の修正もかなりの期間で実施されます。
- 仕様書は XX.YYY+version の形式で管理されており、XX は技術カテゴリ番号、YYY にトピック番号が入ります。

　以下が関連する技術カテゴリ(XX.YYY の XX 部分)になります。いろいろな関連事項を調べる場合には広範囲に渡る場合もありますが、CAT-M で主に厳密な仕様として関連するカテゴリは 36 シリーズと 24 シリーズになり、他のカテゴリはほとんど関連しません。

表 35 標準化仕様における技術カテゴリ

	対象	内容
36 シリーズ	LTE(E-UTRAN)	LTE の無線側の仕様のカテゴリ
24 シリーズ	UE-Core NW 間プロトコル	UE と Core NW 間のシグナリングプロトコルのカテゴリ
21 シリーズ	ハイレベル要求事項	システムとして要求される最大スループットや遅延時間、ターゲット効率、ターゲット収容能力などの概要レベルの要求のカテゴリ
34 シリーズ	SIM	SIM にかかれている EF(データレコード的なもの)の内容フォーマットや SIM の機能を規定したカテゴリ

　また、特に関連すると思われる仕様については次の表にまとめてあります。

表 36 標準化仕様における分類

	対象	内容
TS36.300	LTE の Stage2 資料	LTE の各レイヤーの概観と EUTRAN を中心にしたノードの役割や手順概要など、LTE の関連事項をほとんど網羅した概要の仕様書。
TS36.331	RRC	RRC で管理される手順、メッセージフォーマット、タイマー等を規定した仕様書。
TS36.323	PDCP	PDCP で管理される手順、メッセージフォーマット、タイマー等を規定した仕様書。
TS36.322	RLC	RLC で管理される手順、メッセージフォーマット、タイマー等を規定した仕様書。
TS36.321	MAC	MAC で管理される手順、メッセージフォーマット、タイマー等を規定した仕様書。
TS36.201	Physical レイヤーの分担	Physical レイヤーの概念的な役割分担と、その役割ごとの仕様書の紹介。
TS36.211	Physical レイヤーのリソースマッピング、RF エンコーディングプロセス	Physical レイヤーの実際に RF リソースに載せる部分に直結する動作を規定した仕様書
TS36.212	Physical レイヤーデータ・フォーマット、及びそのエンコーディング	Physical レイヤーで扱う HI,CFI,DCI 等の論理データ情報のフォーマットとエンコーディング方法を規定した仕様書。
TS36.213	Physical レイヤーの手順	Physical レイヤーの手順的な振る舞い動作を規定した仕様書。
TS36.214	Physical レイヤーの Measurement	Physical レイヤーで実施する測定項目とその内容を規定した仕様書。
TS36.304	UE Idle 動作	UE の Idle 時に動作すべき事項をまとめた仕様書。
TS23.401	EPC の Stage2 資料	EPC の各ノードの役割や手順概要など、EPC の関連事項をほとんど網羅した概要の仕様書。
TS24.301	NAS	LTE 向け NAS で管理される手順、メッセージフォーマット、タイマー等を規定した仕様書。
TS24.008	NAS	非 LTE 向け NAS で管理される手順、メッセージフォーマット、タイマー等を規定した仕様書。(LTE 向け NAS で共通のフォーマットやデータを使用している場合はこちらを参照することがある。)
TS36.101	UE RF 性能要求	UE の RF 性能要求の仕様書。
TS36.104	eNB RF 性能要求	eNB の RF 性能要求の仕様書。
TS36.133	UE の手順やタイミング性能要求	UE のタイミングや遅延といった性能要求の仕様書。

また、厳密な動作になればなるほど、仕様書を読んでも正しい動作がわからないケースが多いかと思います。その場合は最後の方のページにある改版履歴をみて、わからない部分の記載がどの版で追加されたのかの予想を立てます(古い版の仕様書を見て、どの版で追加がされたのか比較するのも可能です)。3GPP では仕様の改版の際には初版を除き必ず CR(Change Request)というドキュメントが改版に対応して作られています。そして、その CR は公開されていて Google 等で検索をかければ簡単にヒットしますし、目的や経緯が書いてあり、記載が修正される理由がわかるようになっています(当たり前ですが、CR で目的や経緯がわからなければ 3GPP の WG でその改版が承認されないからです)。そうすることによってほとんどのケースで仕様の不明点は解決可能だと思います。

この後に比較的わかりやすい TS36.331 と TS24.301 の読み方を説明します。

11.1 TS36.331 の読み方

11.1.1 RRC メッセージのフォーマット詳細(一般的なルール)

　ここまでの章では具体的なパラメータの名称については触れてきませんでした。しかし、実際に詳細の動作を把握するためには実際のパラメータ名を知ることが必要になります。そのため、RRC メッセージでやり取りされるパラメータ、3gpp 上の用語では IE(Information Element)の名称の調べ方を説明します。

　厳密にプロトコルのデータフォーマットを定義する際には ASN.1(Abstract Syntax Notation)が使用されることが多く、3gpp でも ASN.1 を使用して RRC メッセージのフォーマットを規定しています。また、ASN.1 にはいくつかオプションがあり、BER(Basic Encoding Rule)、PER(Packed Encoding Rule)、XER(Xml Encoding Rule)といった bit データ列として表現する際にどのような形式にするかという符号化方式を選択します。それぞれ次のような特徴がありますが、RRC のメッセージフォーマットではなるべく同じデータを短くする必要があるため、PER を採用しています。

表 37 ASN.1 の符号化方式

	エンコードデータ	内容
BER	TLV(Type Length Value)の Byte 列	一つずつの要素にタイプ ID、要素の長さ、要素の値をセットで表現する Byte 単位の符号化方式。タイプ ID、要素の長さが載るため、柔軟性が高い。例えば、知らない要素はタイプ ID を元に無視して、要素の長さ分だけスキップするなどできる。サイズに対して神経質にならなくても良い有線 NW(EPC)で類似のフォーマットが使用されている。
PER	Value の Bit 列	データを表現するのに必要な最小限の bit 数で圧縮したフォーマット。最小限の bit 数で表現するため、予め決められたフォーマット形式をデータ送受信するノードで共有していないと通信できない。サイズに対して気を使わなければならない無線 NW(EUTRAN)で使用されている。
XER	XML Element	XML 形式でエンコードする方式。3gpp で採用されていないため、詳細は説明しません。

　では実際の定義を見てみましょう。TS36.331 では"6 Protocol data units, formats and parameters (tabular & ASN.1)"に RRC メッセージフォーマットの規定があり、最初に 3gpp 特有ルールの記載があります。この 3gpp 特有ルールはコメント(行の--～の記載)として記載されていますが、まずは基本の ASN.1 の見方を RRC Connection Request を例にして確認しましょう。ここでは簡単のために TS36.311 の Rel9(LTE の基本機能リリース+基本互換性維持の追加機能)で見てみます。※:CAT-M は Rel13 での導入になりますので、CAT-M の記載が無いので注意して下さい。

　以下が、RRC Connection Request の定義の頭の部分となります。MAC レイヤーのヘッダで Logical チャンネル ID が通知されるため、RRC メッセージとしては Logical チャンネル ID が分かった前提でメッセージのデコードをすることができます。そのため、RRC メッセージは Logical チャンネルごとのグループでメッセージ定義がなされていて、UL CCCH のメッセージは rrcConnectionReestablishmentRequest または rrcConnectionRequest のどちらかを取れるといった定義です。

```
-- ASN1START

UL-CCCH-Message ::= SEQUENCE {
    message                                    UL-CCCH-MessageType
}

UL-CCCH-MessageType ::= CHOICE {
    c1                      CHOICE {
        rrcConnectionReestablishmentRequest        RRCConnectionReestablishmentRequest,
        rrcConnectionRequest                       RRCConnectionRequest
    },
    messageClassExtension   SEQUENCE {}
}

-- ASN1STOP
```

図 91 UL CCCH メッセージの ASN.1 定義(TS36.331 6.2.1 からの引用)

　詳細をみていきましょう。ASN.1 の表記は IE 名 IE の型という形式で、IE 名はその名の通り名前で、IE の型はその中にどんなデータが入るかという形式です。上記の例では rrcConnectionRequest という名前の IE は RRCConnectionRequest 型になっています。次に型の定義は"型名::=SEQUENCE{～}"または"型名::=CHOICE{～}"という形式になっており、型はネスト定義することが可能です(他にもありますが、その都度説明します)。ここでの例で言えば、UL-CCCH-Message 型は UL-CCCH-MessageType 型を使用していて、UL-CCCH-MessageType 型は RRCConnectionRequest 型を使用しているということです。

　この SEQUENCE と CHOICE は何かというと、その定義{～}の中に含まれるデータがすべて登場するのが SEQUENCE、CHOICE はその定義{～}の中のデータの一つだけが出てきます。例えば、UL-CCCH-MessageType は c1 または messageClassExtension のどちらかが登場します。上記の例に無いですが、SEQUENCE { aaa XXX, bbb XXX, ccc XXX }のような定義がされていた場合は aaa,bbb,ccc すべてが含まれるという意味になります。

```
-- ASN1START

RRCConnectionRequest ::=                SEQUENCE {
    criticalExtensions                  CHOICE {
        rrcConnectionRequest-r8                 RRCConnectionRequest-r8-IEs,
        criticalExtensionsFuture                SEQUENCE {}
    }
}

RRCConnectionRequest-r8-IEs ::=         SEQUENCE {
    ue-Identity                             InitialUE-Identity,
    establishmentCause                      EstablishmentCause,
    spare                                   BIT STRING (SIZE (1))
}

InitialUE-Identity ::=                  CHOICE {
    s-TMSI                                  S-TMSI,
    randomValue                             BIT STRING (SIZE (40))
}

EstablishmentCause ::=                  ENUMERATED {
    emergency, highPriorityAccess, mt-Access, mo-Signalling, mo-Data, spare3, spare2, spare1
}

-- ASN1STOP
```

図 92 UL CCCH メッセージの ASN.1 定義(TS36.331 6.2.2 からの引用)

　今度は RRC Connection Request の本体部分のフォーマットを見てみましょう。ここでは BIT STRING や ENUMERATED などの ASN.1 で定義されているプリミティブ型が使用されています。プリミティブ型と言うのは数値、文字列、特定の意味を持つ選択値、固定長 bit 列、可変長 bit 列のようなもので、目的に依存しないデータの型でユーザーがそれを用いて自分の型を定義する仕組みになっています。また、可変長型を除いてデータサイズが一意になるように指定されます。

EstablishmentCause を使用して、データと型の見方を示すと、RRCConnectionRequest 型は rrcConnectionRequest-r8 とい
う名前の RRCConnectionRequest-r8-IEs 型のデータを持っていて、RRCConnectionRequest-r8-IEs 型は establishmentCause
という名前の EstablishmentCause 型のデータを持っています。また、EstablishmentCause は ENUMRATED 型で
emergecy,highPriorityAcess,mt-Access…のいずれかの値を持つことができます。

また、それぞれの IE の意味は以下の様に表形式で説明されています。

表 38 EstablishmentCause の説明(TS36.331 6.2.2 からの引用)

RRCConnectionRequest field descriptions
EstablishmentCause Provides the establishment cause for the RRC connection request as provided by the upper layers. W.r.t. the cause value names: highPriorityAccess concerns AC11..AC15, 'mt' stands for 'Mobile Terminating' and 'mo' for 'Mobile Originating.

この ASN.1 表記は見ての通り、とても読みづらいので LTE のログ表示ツール等はツリー状に表示する仕組みを持っていること
が多く、ツリーを表の様に展開すると次の様に記載できます。読んでわからなければ、次のような表を作ると理解の助けになるか
と思います。

表 39 RRC Connection Request のテーブル表記例

Level1		Level2		Level3		Level4	型
RRCConnectionReq uest	C	rrcConnectionReques t-r8	S	ue-Identi ty	C	s-TMSI	S-TMSI
						randomVal ue	BIT STRING (SIZE (40))
				establishmentCause			ENUM(emergency, highPriorityAccess, mt-Access, mo-Signalling, mo-Data, spare3, spare2, spare1)
				spare			BIT STRING (SIZE (1))
		CriticalExtensionsFuture					SEQUENCE {}

また、ここでは出てきていませんが、ANS.1 は出現しても出現しなくても良いと言うようなオプション IE の定義もサポートし
ていて、IE 名 IE 型 OPTIONAL というように型名の後に OPTIONAL をつけるとその IE はオプション扱いとなります。ただし、
ASN.1 の構文としてのオプションであり、RRC メッセージの意味としてオプションでないケースもあるので注意が必要です。例え
ば A という機能を使用する場合は B という IE の設定が必要で、A という機能を使用しない場合は B という IE の設定が不要だとし
ましょう。その場合、ASN.1 の構文上は B をオプション扱いにする必要がありますが、A という機能を使った場合は RRC メッセ
ージの意味として省略できません(一般的な言い方だとシンタックスとセマンティックスの扱いの差分です)。これについては後に
詳細を説明します。

先程はプリミティブ型について説明を省略していたので、3gpp の定義で使われている代表的なプリミティブ型の意味について
説明します。正確には一部プリミティブ型ではなく、複合型も含まれていますが、ここでの議論では気にする必要はありません。

表 40 ASN.1 のプリミティブ型

	意味	例
INTEGER(N1..N2)	N1〜N2 までの範囲の整数値。また、表現するのに最小限の bit 数を用いるため、例えば INTEGER(3..4)であれば 1bit 表現。	INTEGER(0..837)
BOOLEAN	True または False のブーリアン	BOOLEAN
NULL	値の意味がないフィールド。例えば、デフォルト値を使いたい場合は defaultValue という IE が通知されていれば良く、値は関係ないため NULL としている。	NULL
ENUMRATE	列挙値。0=A,1=B,2=C,3=D の様に整数で通知して、整数に意味をつけるとわかりづらいので、整数と意味のマッピングを埋め込んだもの。	ENUMERATED{emergency, highPriorityAccess, mt-Access, mo-Signalling,mo-Data, delayTolerantAccess-v1020, mo-VoiceCall-v1280, spare1}
BIT STRING(SIZE(N))	N bit の配列	BIT STRING(SIZE(8))
OCTET STRING(SIZE(N1..N2))	N1〜N2 Byte の配列。他プロトコルのメッセージをカプセル化して送信する場合などに使用する。SIZE 指定はオプションで省略可能。(省略すると、Length 指定自体も可変長になるので、定義可能な部分は定義されている。)	OCTET STRING (SIZE (1..16)) OCTET STRING
SEQUENCE (SIZE(N1..N2)) OF T1	T1 型の N1〜N2 個の可変長の配列。	SEQUENCE(SIZE(1..maxCE-Level-r13)) OF PRACH-ParametersCE-r13

11.1.2　RRC メッセージフォーマット詳細(3gpp ルール)

11.1.1.RRC メッセージのフォーマット詳細(一般的なルール)で"criticalExtensionsFuture"や"messageClassExtension"のような IE 名の記載があったかと思います。意味のないデータの様に見えますが、これは将来の拡張に向けた予約領域になっています。ASN.1 PER は送信側データフォーマットと受信側データフォーマットが一致していないと送受信が行えないルールになっているため、将来の仕様がリリースされた際に受信側の旧 UE/eNB がそうした拡張領域を無視して、受信を実施できる様にしてあります。

```
-- ASN1START
UL-CCCH-Message ::= SEQUENCE {
    message                                    UL-CCCH-MessageType
}
UL-CCCH-MessageType ::= CHOICE {
    c1                                         CHOICE {
        rrcConnectionReestablishmentRequest    RRCConnectionReestablishmentRequest,
        rrcConnectionRequest                   RRCConnectionRequest
    },
    messageClassExtension      CHOICE {
        c2                     CHOICE {
            rrcConnectionResumeRequest-r13     RRCConnectionResumeRequest-r13
        },
        messageClassExtensionFuture-r13    SEQUENCE {}
    }
}
-- ASN1STOP
```

図 93 拡張 IE の追加例(TS36.331 6.2.1 からの引用)

実際に拡張されたものを見てみましょう。上記は rel13 の UL CCCH で送信する RRC メッセージのフォーマットです。RRC Connection Resume Request というメッセージが追加されたため、messageClassExtension の中に RRC Connection Resume

Request の定義が追加されたことがわかります。また、将来的な拡張の可能性を閉ざさないため、その中に messageClassExtensionFuture-r13 という IE が追加されています。

　次に条件付きオプションの扱いについて説明します。3gpp では条件付きオプションを ASN.1 ではなく、コメントでの以下の追加ルール指示で明記しています。例外規定が幾つかあるため、詳細について議論する場合は TS36.331 をきちんと読むことをおすすめします。(例えば、SIB に関しては Need OP は Need OR と読み替える規定がある)

表 41 3GPP におけるオプションの扱い

	省略可否	設定されない場合	意味
Cond 条件タグ名	条件付き省略可	条件タグに記載がない限り、前に通知された値、あるいはデフォルト値を使用する。	条件タグ名で定義された条件に従って設定されるオプション。条件タグの内容に従う。
Need OP	省略可	IE の定義に依存。(IE 次第)	省略可能設定。省略時の動作は IE の説明で記載される。
Need ON	省略可	前に通知された値、あるいはデフォルト値を使用する。	省略時設定継続向け設定 *Optionally present, No action*
Need OR	省略可	設定値の削除、またはその IE による手順の中止。	省略時設定中止向け設定 *Optionally present, Release*

　具体的な例で見てみましょう。RRC Connection Reconfiguration メッセージの UE に対する Measurement Report 送信設定を指示する measConfig は OPTIONAL の Need ON になっています。これは RRC Connection Reconfiguration に measConfig が含まれない場合、UE は Measurement Report 向けの測定を継続するという意味になります。また、mobilityControlInfo はその名の通り、HO 時に行き先のセルの情報などを通知する IE になっているため、HO 時以外は不要です。そのため、OPTIONAL の Cond HO となっており、条件タグの HO を確認すると*"The field is mandatory present in case of handover within E-UTRA or to E-UTRA; otherwise the field is not present."*というように HO 時以外は設定しない旨の条件が記載されています。

```
RRCConnectionReconfiguration-r8-IEs ::= SEQUENCE {
    measConfig                  MeasConfig                  OPTIONAL,           -- Need ON
    mobilityControlInfo         MobilityControlInfo         OPTIONAL,           -- Cond HO
    dedicatedInfoNASList        SEQUENCE (SIZE(1..maxDRB)) OF               DedicatedInfoNAS
    OPTIONAL,       -- Cond nonHO
    radioResourceConfigDedicated        RadioResourceConfigDedicated        OPTIONAL, -- Cond HO-toEUTRA
    securityConfigHO            SecurityConfigHO                            OPTIONAL,       -- Cond HO
    nonCriticalExtension                                    RRCConnectionReconfiguration-v890-IEs
    OPTIONAL
}
```

図 94 オプション IE 定義例(TS36.331 6.2.2 からの引用)

　ここまでで、RRC メッセージフォーマットの見方を一通り説明しました。上記の内容でほとんど困ることはないかと思いますが、詳細な内容については TS36.331 と ASN.1 の仕様である ITU-T X.680〜683、ITU-T X.690〜691 に厳密に記載されていますので、そちらを参照して下さい。

11.1.3　UE の振る舞いの規定

　LTE の通信上、リソースや設定の管理は NW 側で実施し、UE 側は NW 側から指定された設定に従って動作するという前提条件があるので、TS36.331 に規定されている動作・手順的な仕様はほとんどが UE に対するものになっています。例えば、UE は RRC Connection Setup メッセージを受信したら T300 タイマーを止めなさい、RRC_Connected 状態に遷移しなさい…、というようになっています。また、条件などがある場合は階層ごとに 1>、2>の様に規定がありますので、それを素直に読み解けば良いだけです。

　一つ手順の例を見てみましょう。"5.3.3 RRC connection establishment"に RRC Connection 確立手順に関する記載があります。3GPP の規定としてその手順で使用されるメッセージのシーケンスが最初に来て、そこで成功ケース、失敗ケースが提示されます。RRC Connection 確立手順の場合だと成功は RRC Connection Request に対して RRC Connection Setup、RRC Connection

Setup に対して RRC Connection Setup Complete という流れになっています。失敗は RRC Connection Request に対して RRC Connection Reject という流れになっています。

　次に" 5.3.3.2 Initiation"で RRC Connection 確立手順の開始準備動作の規定がされています。その次に"5.3.3.3 Actions related to transmission of *RRCConnectionRequest* message"で RRC Connection Request を送信する関連の動作が規定されています。こういった形で手順の実施順序と何か期待通りに行かなかった場合のケース(例えば、一定時間内に手順が完了せず、タイマーが T.O.してしまったケース)、が記載されています。以下は RRC Connection Request を送信する際の動作の例です。細かく見ていくと、RRC Connection Request メッセージの中身の IE を設定するときに、ue-Identity には(1>のレベル)、S-TMSI が上位レイヤー(=NAS)から提供されているかを見ます(2>のレベル)。もし通知されている場合は、ue-Identity に上位レイヤーから通知された S-TMSI を設定します(3>のレベル)。そうでない場合は $0 \sim 2^{40}-1$ の範囲の乱数(40bit の乱数)を ue-Identity に設定します(3>のレベル)。

```
The UE shall set the contents of RRCConnectionRequest message as follows:
1>      set the ue-Identity as follows:
    2>          if upper layers provide an S-TMSI:
        3>              set the ue-Identity to the value received from upper layers;
    2>          else:
        3>              draw a random value in the range 0 .. 2^40-1 and set the ue-Identity to this value;
```

図 95 RRC Connection Request 送信時の動作規定(TS36.331 5.3.3.3 からの引用)

こういった見方で一つずつの手順を確認していけば、仕様動作が確認可能です。

11.2　TS24.301 の読み方

　TS36.331 の読み方とほぼ同様ですが、EPC 側では ASN.1 PER ではなく、ASN.1 BER に近い形式を使用しているため、IE の扱いが少し異なります。具体的には TS24.007 で規定される次のいずれかの形式で各 IE が表現されます。

表 42 NAS メッセージで使用される IE のフォーマット

	Type フィールド	Length フィールド	Value フィールド
T(Type only)	あり	なし	なし
V(Value only)	なし	なし	あり
TV(Type and Value)	あり	なし	あり
LV(Length and Value)	なし	あり	あり
TLV(Type,Length,Value)	あり	あり	あり
LV-E(Enhanced Length and Value)	なし	あり(拡張)	あり
TLV-E(Type, Enhanced Length, Value)	あり	あり(拡張)	あり

　例を見てみましょう。Attach Request のメッセージ定義は次のようになっています。IEI 列は Type 情報を載せる IE の IE ID で、Information Element 列は IE 名、Type/Reference は型情報とその型の説明の章番号、Presence 列は M:Mandatory=必須、O:Optional=省略可能、Format 列は上述のフォーマット、Length は Byte 単位の長さとなります。見て分かる通り、IE ID はオプションのパラメータでどれが載ってくるかわからない場合に使用されます。また、可変長の IE には Length を載せ、とても長くなり得る ESM メッセージをカプセル化している ESM message container には長い Length を載せられる LV-E フォーマットを使っています。

表 43 TS24.301 Table 8.2.4.1 の引用(一部省略)

IEI	Information Element	Type/Reference	Presence	Format	Length
	Protocol discriminator	Protocol discriminator 9.2	M	V	1/2
	Security header type	Security header type 9.3.1	M	V	1/2
	Attach request message identity	Message type 9.8	M	V	1
	EPS attach type	EPS attach type 9.9.3.11	M	V	1/2
	NAS key set identifier	NAS key set identifier 9.9.3.21	M	V	1/2
	EPS mobile identity	EPS mobile identity 9.9.3.12	M	LV	5-12
	UE network capability	UE network capability 9.9.3.34	M	LV	3-14
	ESM message container	ESM message container 9.9.3.15	M	LV-E	5-n
19	Old P-TMSI signature	P-TMSI signature 10.5.5.8	O	TV	4
50	Additional GUTI	EPS mobile identity 9.9.3.12	O	TLV	13

　上記の通り、NAS メッセージのフォーマットは親切な記載となっているため、特に細かい説明はしなくてもわかるかと思います。

12 Reference

- LTE 標準化仕様(3GPP)

3GPP の仕様は以下のサイトで管理されており、カテゴリ番号毎にアクセスできるようになっています。

http://www.3gpp.org/specifications/specification-numbering

- CAT-M 導入ガイドライン

3GPP 側は仕様を決定するのみで、運用については考慮しませんが GSMA(GSM Association)という携帯電話 NW オペレーターが主だったメンバーの業界団体があり、NW を運用する上での様々なガイドや性能評価などがまとめられています。CAT-M についても導入のガイドラインが提示されています。

https://www.gsma.com/iot/lte-m-deployment-guide/

- ASN.1 の仕様

ITU-T での ASN.1 の仕様は以下に記載されています。

http://www.itu.int/ITU-T/studygroups/com17/languages/

- NTT Docomo テクニカルジャーナル

LTE の機能について目的、実現方法、実際の方式の概要の記載があり、詳細な標準化仕様を確認する前に概要を把握するにはとても良い資料です。

https://www.nttdocomo.co.jp/corporate/technology/rd/technical_journal/

- ShareTechnote

標準化仕様をわかりやすい形式で説明しているサイトです。ただし、オプションの説明を省略していたり、特定のオプションの説明だったりするので、注意して読む必要があります。

http://www.sharetechnote.com/

著者紹介

青木　稔（あおき みのる）　minoru@cg8.so-net.ne.jp

　東京理科大学卒業後、某ソフト開発会社で勤務し、3G、LTE 携帯ネットワークの RAN 側ノードの開発に従事。その後、携帯端末開発側に異動し、Android 携帯端末のプロトコルスタック問題解析、Android Framework のベンダー拡張開発に従事する傍ら、産業技術大学院大学にて複数コンテンツ複合と一般公開データに関するプライバシーを専攻。
　現在はグローバル NW 機器ベンダーで LTE の最適化コンサルタント業務に従事。

LTE CAT-M1

2018年 4 月 7 日発行

著　者　青木 稔
発行所　ブックウェイ
　　　　〒670-0933　姫路市平野町62
　　　　TEL.079 (222) 5372　FAX.079 (223) 3523
　　　　http://bookway.jp
印刷所　小野高速印刷株式会社
©Minoru Aoki 2018. Printed in Japan
ISBN978-4-86584-312-5